U0144120

View

Dubium sapientiae initium

View

Dubium sapientiae initium

View

Dubium sapientiae initium

View

Dubium sapientiae initium

捉住客戶的心

讓顧客覺得「這就是我要的！」

松野惠介　著
鄭景文、謝佳玲　譯

作者序

捉住客戶的心就能大賣

這是一個商品種類爆炸的時代。市場上，我們常常可以看見即使店家、企業竭盡全力，但仍無法順利賣出商品。加上業界整體的銷售成績下滑，使得低價販售成為常態……「唉，到底要怎麼辦好？」我彷彿聽到許多人都在嘆氣，愁眉苦臉。

從事行銷顧問十年，接觸過各地區一千家以上的公司、店鋪，我發現一開始，大家的心境都一樣茫然，但最後總是能夠堅定意志，試著去改變現況，進而改善銷售，甚至從不賣到大賣。而有這樣的成績，也是因為我們反覆嘗試錯誤，從實證中去摸索，而有了新發現。這樣的努力與嘗試，就是每一個公司或店鋪都有的「隱形資產」，如果我們能有效利用這個資產，捉住客戶的心，就能擺脫低價策略的窘境，使收益持續攀升。而關鍵就是「專業的協助」，讓顧客覺得「這就是我要的」！

本書裡提出的市場行銷策略，教科書裡是看不到的，而且是經過實戰驗證，不但任何人都適用，且立見成效。保證解決您的銷售問題，一定能使您的公司或店鋪生意興隆，財源廣進。

松野惠介

contents

第二章 不刻意推銷也賣得動！

第三章 用「隱形資產」捉住客戶的心

第四章 提升「待客之道」與衝高業績的五個撇步

第五章

提升「傳達能力」就能不強迫推銷又賣得好……135

第六章

捉住客戶的心，讓「地方」活化起來！……163

第一章

新零售時代商品大賣的「共通點」！

1

小鎮酒商不被大型連鎖酒商打倒的秘密

在這個大型連鎖酒商當道、低價銷售的時代，卻有家小鎮酒商業績持續攀升。很多人覺得不可思議，他們究竟是如何辦到的？

在大型量販店大舉壓境下，這家小酒商在前幾年業績持續下滑。若只是在店面擺酒販售，根本不是大型酒商的競爭對手。為謀求生存，這家酒商開始做起附近餐廳、酒吧的酒類批發生意。

但這樣慘澹經營，也還是到了極限。

——再找不到解決辦法，恐怕會倒閉……老闆這麼想著。但當他看著以前的客戶名單時，突然察覺到一件事。

那就是附近住宅區的宅配訂單相當多。

這是為什麼呢？老闆試著詢問住宅區的老客戶：

「明明附近有量販店，您為什麼還是向本店下訂單呢」

客戶的共通答覆是：

「因為你們會幫顧客將商品送到家門口！」

因此，小鎮酒商開始了住宅區的宅配到府服務。

因為每天都前往同一個住宅區，所以配送貨品同時，老闆也順便分派傳單。如果中午前接到訂單，就當日配送，這個便利服務，獲得客戶極大好評。

✦發現新問題

同業看到這間小鎮酒商的成功方式，也開始競相模仿，提供相同服務。競爭到最後，大家又打起價格戰。

如果一直打價格戰，像我們這樣的小店，根本無法永續經營。但除了配送外，本店又能為顧客提供什麼呢？

他們想到的方式，就是配送時，在配送商品的傳單中，附加A4大小的小報紙。

這個住宅區以年長的住戶居多，「如何能讓社區更有活力」也一直是住戶的共通話題。為此老闆將養生食譜、孫子會喜歡的禮物、自己的祖母與小孩子間的對話都寫在小報紙上，每月發送給客戶。

不知不覺中，相較於商品傳單，老闆對小報紙付出了更多心力。此外，配送商品時，他有更多話題可以與客戶閒聊，拉近與客戶的距離，客戶也對這樣的互動感到相當滿意。

不斷持續這樣的交流，住宅區的住戶與小酒商之間的距離逐漸拉近。小酒商不僅承接訂單，也能協助解決客戶的煩惱。

好比說，在與客戶的對談中，因為了解到住戶「希望有更多交流互動」、「希望大家能聚在一起熱鬧」的期望，小酒商便在新年時策劃搗年糕大會、秋天則找來臨時攤販，舉辦小型的慶典活動，住戶都非常高興。

目前這家小鎮酒商，對於住宅區的住戶，已成為不可或缺的存在。不論哪家大型連鎖店來此設點，這家小酒商的業績都不受影響，而且持續攀升。

然而，到底是什麼樣的魔法，讓這家酒商的業績持續成長呢？

關鍵在於，小酒商持續提供「對客戶有用的資訊」，在「對客戶有用的行動」中，加深雙方的關係，在住戶的腦海中留下「要買酒的話，當然是〇〇酒商」的想法，使其具有獨一無二的存在性。

我將這個對客戶有益的資訊與作為，稱作待客之道（Contents）。

「Contents」直譯是「內容或目錄」、「資訊服務提供的各項內容」。

我深切感受到，唯有能夠提供對客戶有用的資訊，令人欣喜的服務，才是現今企業或店鋪所該具備的重要「待客之道」。

小鎮酒商老闆將養生食譜寫在傳單上是「待客之道」，搗年糕大會與慶典活動也是「待客之道」。

這些「待客之道」在後來，與小酒商老闆的「使住宅區的住民有活力、有朝氣」的想法產生關聯性。

現今這個時代，提供優良的商品與服務是無庸置疑的。除此之外，擁有「待客之道」，並將之傳達出去的能力，藉以抓住客戶的心，建立信賴關係，將會帶來業績持續成長的果實。

新零售時代，要創造企業或店家的業績，最重要的就是待客之道與傳達能力的表現。

2 重點是，當顧客說「以前都不知道」的時候

從前要傳遞資訊，大多使用DM、傳單或廣告立牌。近來因為網路興盛，便有越來越多人使用部落格，或是像臉書這類的網路社群來達到目的。

從宣傳媒介到社群媒介，塑造了個人或公司很容易就可以向全世界傳遞資訊的時代。換言之，每間公司都像是一個電視台。

電視台能否製作高收視率的節目，就是關鍵所在。

對電視台而言，「觀眾所支持的節目」就如同店鋪或企業「讓顧客歡迎的資訊或行動」，也就是「待客之道」。

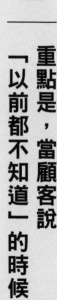

✦什麼資訊才有用

我們只是一間小店鋪（公司），也會有所謂的「待客之道」嗎？大概很多人都會有這樣的疑問吧。

不過，沒關係。我們可以在店面或拜訪顧客時，想想下面的幾個問題：

- 我們常被顧客詢問什麼？
- 顧客最常需要諮詢的是什麼？
- 什麼時候顧客會說「以前不知道」？
- 什麼時候顧客會表示「還想了解更多」？
- 什麼時候顧客會說「原來如此」？

好比說在蛋糕店

如果常被顧客詢問「哪種蛋糕適合當伴手禮？」，那「**如何挑選能受人歡迎的伴手禮**」就是對顧客有用的資訊。

好比說在女裝店

當我們建議顧客「斜紋的服飾，看起來比較顯瘦」，顧客表示「真的嗎？我以前都不知道」的時候，「**衣服的條紋與穿衣服的方式會讓人看起來變苗條**」就是對顧客有用的資訊。

好比說在化妝品專櫃

當我們對正在求職的顧客建議「在〇〇業界，適合這類妝容」時，顧客表示「請告訴我更多」，「**依職業別區分的求職化妝術**」就是對顧客有用的資訊。

而企業如何去累積這些對顧客有用的資訊或行動，如何提升自己，就是與業績產生關聯性的第一步。

無庸置疑，有用的資訊或行動，當然是由企業全體來累積。**企業或店鋪蓄積的「待客之道」，則應該由每個員工以其擅長的傳達方式傳遞給顧客。**

如果是在化妝品專櫃，求職化妝術可以做成立牌或是海報來傳遞給顧客知道。或者也可利用部落格或網站首頁、甚至是摺頁DM的形式來宣傳。

而擅於臨場行銷的人，可用化妝術小冊子來確認顧客的需求，熟悉社群媒體的人，則可利用Facebook或部落格來傳遞訊息。

詳細的做法，我會在第二章說明。

3 讓業績成長的二大能力

我認為「待客之道」與傳達能力的相乘效果，會對銷售額有很大的影響。

待客之道	×	傳達能力	＝	銷售額
10	×	10	＝	100
10	×	0	＝	0
0	×	10	＝	0
5	×	5	＝	25

以乘法計算來看，即使擁有待客之道，若缺乏傳遞能力，就不會有銷售

表現。反之，具有傳達能力，但欠缺待客之道，同樣無法帶動銷售額。因此如何提升這兩種能力，極為重要。

「待客之道」的定義是「對顧客有用的資訊或行動」。

然而，「待客之道」到底是什麼？接下來我們以具體例子來說明。

具有待客之道與傳達能力的企業，即使處於不景氣時期，或者已是夕陽產業，仍有持續亮麗的銷售業績。例如：

- 在完全沒有新產品的情況下，業績仍倍數成長的蛋糕店
- 雖然被稱為夕陽產業，但收益連續十年成長的包裝材料商
- 創下業界平均回客率二倍紀錄的溫泉旅館
- 創業第五年成為業界第一的住宅銷售商

以上全是我指導客戶後的實際成效。未來也期待各位有亮麗的表現。

4 顧客已經不只想買東西了！

無關商品的優點，重點在於待客之道。

販賣商品的時代已結束，現在是以待客之道銷售的時代。

會有這樣的想法，是基於我在京都和服批發商上班時的經驗，以及從中所得到的啟示。

我進入社會，是在二十年前，正是泡沫經濟破滅的時期。

在此之前，每一個店家都處於商品不斷熱銷，供不應求的狀態。大家都沉浸在一種所有店家都面臨缺貨，希望廠商趕快補貨的美好氣氛中。但一轉眼，就邁入商品滯銷的時代。

那時，和服店家不論還有多少布料或束帶，都不願進貨。拜訪店家時，也不受歡迎，當然這份工作也變得毫無樂趣可言。

公司方面不斷要求我們「帶著布料（商品）去推銷給客戶」，但每天從客戶，也就是和服店家那邊得到的訊息卻是「已經不需要布料（商品）」了。

既然如此，客戶到底需要什麼樣的商品呢？這個疑問，我在當時遲遲無法得到解答。

老實說，我在當時相當煩惱。煩惱到連身體都開始出狀況，甚至出現頭髮以及汗毛的掉落的徵狀。

但該如何解決？當時可說是一籌莫展。

✦從天而降的啟發

這時，我接觸到了行銷專家藤村正宏老師提倡的所謂「體驗行銷學」，也就是「不賣東西，賣體驗」。

以剛剛提到的和服店家為例，就是不賣和服，但賣穿和服的體驗。

換句話說，當我們販售的是「體驗」，重點就不再只是商品。我們聚焦的不再是商品或服務的市場行銷，而是是否能夠確實地傳遞體驗價值。

這就是體驗行銷學。

顧客想要的不是化妝品，而是想購買變漂亮的體驗。

顧客想要的不是瘦身食品，而是想購買變瘦、變漂亮的體驗。

不想買的東西，顧客不會想知道成分是什麼、有什麼款式。若無法傳達使用這項商品後，會有什麼樣的美好體驗，則根本無法達到銷售的效果。

✦不只賣商品，還要賣體驗

當了解到這個行銷學的本質後，我開始有所行動。

我更加深入學習體驗行銷，並親身實踐。與理念相同的夥伴互相砥礪，致力成為市場行銷顧問。

在這十年當中，我有幸協助多達一千家以上的企業、店鋪的銷售，以及地區的活化。在這個過程中，我更加確信這個理念：

「現今這個時代是一個過渡時期。我們正要從單純的銷售，轉移到透過待客之道與傳達能力，幫助顧客獲得體驗的商業活動」。

所以，「重點不在於商品，而是體驗（事）的資訊」。

5 不推銷，照樣賣產品？

從以前到現在，所謂「以商品為中心的商業模式」是

・賣什麼
・賣給誰
・賣多少錢

以食品商為例

・賣什麼……自己公司開發的食品
・賣給誰……零售商
・賣多少錢……定價的六〇％（批發價）

但在這個商品品項爆炸的時代，大家追求的品質都是「最美味」。但除了「美味」之外，我們還能夠訴求什麼？如果不尋找其他的方向，最後只會淪入價格戰的循環。這也就是為什麼我們要重新思考新的商業模式。

✦重新思考

・賣給誰（這個人煩惱什麼事？關心什麼事？）
・顧客與需求有什麼樣的附加價值（讓顧客高興的資訊或行動）
・什麼樣的商品
・售價多少會購買

例如，食品商中，販賣珍貴食材的業者

・賣給誰……………銷售陷入困境的下游零售商
・有什麼樣的附加價值……附上「可以促進店面銷售的資訊」

・什麼樣的商品……………獨有的珍貴食材＋販售資訊
・售價多少會購買…………定價的六〇％（批發價）

所以，販售珍貴食材業者的工作，就是協助下游零售商生意興隆。從單純的食材的銷售，到能夠提供協助，讓客戶生意變好。從銷售東西的商業活動，轉換為透過待客之道與傳達能力，來幫助顧客獲得體驗（事）的商業活動。

轉換成功的公司，就能夠脫離景氣或業界動向的影響，讓業績成長。我輔導過的客戶就是最佳證明。

而要如何尋找企業（店鋪）本身具有的待客之道、要用什麼方法來傳達給客戶知道呢？這部分的內容，我會在下一章節仔細說明。

松野守則

- 新零售時代，不能只靠商品魅力
- 會賣東西的企業（店鋪），都能為顧客提供有用的資訊
- 讓顧客高興的，不只是商品（物），還有體驗（事）
- 讓顧客高興的資訊或行動＝待客之道
- 待客之道 × 傳達能力＝銷售額

第二章

不刻意推銷也賣得動！

1

大型家電量販店開幕第一天，為什麼沒人上門？

當為企業或客戶尋找與評估對顧客有用的資訊時，常面臨一件棘手的事。那就是企業、店鋪總是忍不住想推銷。

在沒有考量顧客需求，不了解顧客的情況下，只顧著推銷商品。會讓我們忘了透過傳達有用資訊以建立信賴關係有多麼重要，如此一來反而讓顧客什麼都不想買。最後又因為賣不好，而更用力推銷，導致一個惡性循環。

✦強迫推銷，讓客人厭煩

恰巧前些日子，就有類似事情發生。我家附近有間家喻戶曉的大型家電量販店開幕。開幕當天，我收到大張摺頁DM。

剛好那天我有事外出，就順道到賣場看看。我抵達賣場時，發現停車場空空盪盪，一下子就停好車了。

「奇怪了，明明今天開幕，怎麼都沒人呢？」

我在心裡納悶著。而當我正要進入賣場時，就聽到從賣場出來的一家人大聲發著牢騷：「這家店真是煩死人了，讓人根本不會想在這裡買東西！」

到底發生了什麼事呢？走進賣場之後，發現一股熱烈氣氛，但卻是令人厭煩的那種。那不是來自顧客買氣，而是店員叫賣的熱情。

我走到數位相機櫃位，馬上被店員詢問：「請問要找數位相機嗎？」

「預算大概是多少呢？」

「現在購買單眼相機很划算喔！」

總之，店員就是不斷詢問與推銷。我因此感到厭煩而暫時離開。之後再次回到賣場，馬上又被另一位店員詢問：

「請問要找數位相機嗎？」

「預算大概是多少呢？」

這兩位店員的應對方式簡直就是一模一樣，感覺上像是照著指導手冊背出來的。

才剛開幕，想必有極大的業績壓力，但是這樣的推銷手法，根本沒有顧客會買單，還可能嚇跑原先想買東西的顧客。

走進這家賣場時，我原本考慮是不是要在這裡購買數位相機，最後也不買了。

而且我不只是當下覺得不想買了，在經過好幾個月後的現在，也還是沒有恢復想要購買相機的慾望。因為那種太過咄咄逼人的銷售方式，已經讓我的購買慾望消失殆盡。

不過，這位店員，應該知道強烈推銷只會引起客戶厭煩，也想要「對顧客有所幫助」。他的姓名牌上還看得到「站在顧客的立場作建議」的字樣（笑）。

他知道，他也理解，但他卻無法做到。

實際上，這幾位店員都因為過於在乎業績或銷售數量，結果對客戶採取強勢推銷策略。

那麼，該怎麼做才好呢？

2 讓顧客覺得「我需要這個！」

來說說我的想法吧。

從事市場行銷顧問這一職，即將邁入第十個年頭。在這之前，也累積超過十年以上的上班族經歷。

我出生於京都，在京都成長。我生活在一個歷代從商的家庭，親戚都是商人。整個家族都沒有上班族，可說是相當特殊。每當中元節或新年等節慶，親戚聚會、飲酒時，便可從長輩口中聽到關於商場上的種種事情。特別是父親重複告訴我的這個道理：

惠介！所謂買賣，就是要清楚了解顧客。

買賣遇到困難時，要能充份理解對方。

在我成為上班族以前，父親一直不斷地告訴我這個道理。

老實說，學生時代的我根本無法理解這其中的意涵。

進入社會後，我則是經常在公司裡聽到這樣的對話：

隔壁公司已開始販售○○商品，我們必須思考對策。

對方以這價格來競爭，我們公司也必須加以因應。

咦？這樣的想法，似乎跟從父親以及長輩那裡聽到的，有些不同。

✦考慮顧客？考慮對手？

當時，這兩者之間作法的差異，不但讓我覺得矛盾，也讓我覺得似乎有哪裡不太對。

而到我能夠理解這個「不太對」的感覺是什麼，已是很久以後的事了。

公司所實行的策略，就是觀察競爭對手（公司）並思考對策。

但這樣做，不是很奇怪嗎？

到底是銷售對象是誰？大家真的有思考過嗎？

把重心放在要與其他公司競爭、產品要與其他公司做出差異，這樣的戰爭不但會耗盡我們的心力，而且永遠沒有結束的一天。

然後，會讓我們把最重要的顧客棄之不顧。

說實在的，我覺得非常不值得。

買賣時，應該專注於競爭對手（競爭的公司）嗎？——在我當上班族時，這樣的做法總是讓我感到疑惑。

買賣當然應該專注在顧客身上。從我小時候開始，就被教導「要清楚地了解顧客」，對我來說，是理所當然的事。進入社會之後，我卻發現並非如此。

我感到相當訝異，心中充滿疑惑。每天每天，我都在思考，到底要怎麼做才是對的。

經過反覆的錯誤嘗試，我得到了答案——

那就是不管銷售額，不管競爭對手，全心全力專注於顧客上。

思考對顧客有用的事，來決定要怎麼做。

基於這個經驗，對於以下兩種類型的銷售者：

・無論如何都要推銷的人

・意識到有機會或能夠推銷時，就會開始推銷的人

我會請他們試著重新檢視自己的立場。

✦走出「銷售者立場」

店員、業務員＝銷售者。所以需要去推銷。

如果走出這個銷售者的位置，**將自己的工作重點放置於顧客身上，職位變換成「〇〇顧問」**。

如果是出版社的業務的話，就是「提升全國各書店業績的顧問」。

如果是建設公司的業務的話，也可以是「成功建築房屋的顧問」。

其他的還有：

・蛋糕店的店員　→挑選伴手禮的顧問
・溫泉旅館的女老闆　→創造家族美好回憶的顧問
・高級日式料理店的女服務生　→成功接待客人的顧問
・機械工廠的業務　→提升工廠生產力的顧問
・食品商的業務　→使零售商業績興隆的顧問

要成為「成功建築房屋的顧問」，並非介紹自家產品，而是告訴顧客第一次興建房屋時該注意的事項，或者容易產生問題的重點。透過這種方式，建立起與顧客間的信賴關係，最後達成簽約的目的。

只要立場改變——就連「傳達給顧客的內容」也會隨之改變。

不只是銷售商品，而是能否傳達美好體驗。說得更明確一點，不是從「想銷售」自家商品的角度，而是能為顧客「做什麼？」的角度來思考。

我們剛剛提到的「待客之道」（Contents），也就是建立與顧客信賴關係的資訊。

3

我買下電漿電視的理由

我在前面提到，「銷售員不能只把自己當作是銷售員，應該是客人的○○顧問」。如此一來，**就能從「賣家」的立場，轉換為「買家」的立場，從「顧客的角度」來思考。**

所謂「顧客的角度」就是：

- 如果自己是顧客的話，會怎麼做？
- 如果自己是顧客的話，會想要知道什麼？
- 如果自己是顧客的話，不想要什麼？

如果用這個角度來思考，即使不推銷，也能成功銷售產品。

說到這件事，讓我想起在兩年前的一個星期天所發生的一件事。那時，我們全家人一起出門，路上順道去了家電量販店。

說實在，當時只是順道前往，幾乎沒購買商品的念頭。但當時剛好接近以地上波接收電視訊號的轉換期，我們的確思考過是不是差不多可以換電視了。

正當我們看著液晶電視時，一個看起來很普通的店員靠過來，他稍微彎著身，以下是他的開場白：「您家小孩，年紀還很小吧，請問今年幾歲了呢？」

我　：「五歲，還在唸幼稚園。」

店員：「啊，您家的小孩，會用手去摸電視螢幕、會把手掌貼在電視螢幕上嗎？」

我：「沒錯，小孩的確會這樣。」
店員：「這樣很容易造成電視故障喔！」
我：「耶？是這樣嗎？」
店員：「是的。不過這樣的家庭適合使用電漿電視。」
我：「原來如此！」
店員：「因為液晶電視的螢幕很容易故障，修理費用也相當高。」
我：「這樣啊……」
店員：「更換電視時，請多注意喔。」
店員說完後，就離開了。

之後發生什麼事了呢？

我們再次把那位店員請過來，詳細地諮詢他有關購買電視的細節，然後就購買了電漿電視。說到底，本來我們來這家店是沒有要購物的，結果卻開心地消費了十六萬八千日圓。

✦做客人的「顧問」

這位店員的角色，無庸置疑就是「幫顧客挑選合適電視的顧問」

・深入觀察顧客

（帶著年幼調皮小孩的顧客來店裡）

←

・察覺顧客想要知道的事（不便、不滿、不安）

（小孩以手觸摸電視，是故障的原因）

←

・傳達對顧客而言必要的資訊（消除「不」的資訊）

（有幼兒家庭選擇電視的重點）

←

・顧客感到高興，並為此表達謝意

（顧客因為聽到有用的資訊，自然也會表示感謝之意）

・獲到顧客信任
（這個人是相當有幫助的人！）
↓
・獲到顧客詢問
（詳細傳達自己的需求，詢問意見）
↓
・結果顧客購買商品
（購買電漿電視）
↓
・下次仍受到顧客指定服務，顧客購買商品
（持續購買收錄音機、吹風機、洗衣機商品等）
↓

透過讓顧客高興的資訊，建立信賴關係，即使不推銷，最後還是會銷售出去。這就是現今經營的本質。

✦您是「什麼的顧問」呢？

請站在顧客的觀點，試著對自己提出這樣的問題。

真正能提升業績的人，總是時常靠近顧客，思考可以提供顧客怎樣的幫助，並付諸行動，**透過「這樣做可讓客戶高興」的實際感受，使自身發展出真正「顧客的眼光」，磨練出待客之道的能力，讓自己能夠跳脫銷售的角度，提供對顧客有幫助的資訊。**

4 解除顧客心中的「不」，就等於打開顧客的錢包

能夠站在顧客的角度，以顧客的視角來看問題，才能找出顧客的期待是什麼、真正需要的是什麼樣的產品。以此為延伸發展出的「資訊」，就是我們在前面提到的「待客之道」。

而要發展出待客之道，最重要的就是經驗。

所謂經驗，真正的意涵，可說是改變眼光的第一步。

剛剛提到的家電量販店員，透過與（顧客）的接觸，看到我的需求。這就是我在前面提到「以顧客的角度去看顧客需要什麼」。

看到顧客的需求以後，這位店員又持續思考：要怎麼樣才能取悅客戶？什麼才是顧客需要的資訊？為了能夠更了解顧客，或許應該站到第一線（店面），提出更多疑問，並藉此累積自己的「待客之道」。

這並非是以一己之力能做到的事，現場銷售的第一線人員都需要加入努力的行列。如此一來，各式各樣的資料就能在店裡匯集，我們就可以用很快的速度，彙整出很棒的「有用資訊」。

・關於顧客興趣的資訊

・消除顧客「不」的資訊

・專業人士的知識

如果可以彙整出「有用資訊」，就能成為獨具風格的企業或店鋪。之後透過DM、傳單、招牌、部落格、電子雜誌、網路社群等等方式來傳遞，讓顧客知道哪裡可以獲得這些有用的資訊，顧客也會因為其本身的需求而靠攏過來。

✦這樣做就能讓商品賣得更好

當然，這是有理由的。

這是一個資訊爆炸的時代，因為網路的發達、社群媒體勢力的抬頭，每個人都可向世界自由發聲。比過去多上數十倍、數百倍、數千倍的資訊，也飛快的交織傳遞。

在這種狀況下，到底哪些是對我們有用、有益的，哪些不是？我想沒有人能夠快速釐清。

所以，即使我們急需的資訊就在眼前，可能我們也無法及時完整取得。

✦顧客是現實的

具備專業的銷售人員，提供必要的資訊。顧客不但獲得協助，也因為被取悅而建立信任關係，最後的結果是購買商品。

就像我一樣，在前往家電賣場時，我並沒有下定決心要買新電視，結果卻在衝動下購買了高價的電漿電視。在這中間發揮作用的，就是有用資訊、「待客之道」的運作。

透過接觸顧客，知道顧客對什麼有興趣。可以消除讓客戶覺得不便、不滿、不安的，又會是什麼樣的資訊與產品？說了這麼多，最重要的其實就是可以將我們從顧客身上獲得的專業知識＝待客之道傳達出去。這就是現今消費者在購買產品時所追求的重點，也是購買慾的關鍵。

試著思考：我們可以對客戶有什麼樣的幫助？

試著思考：顧客的興趣偏向哪個方向？他們關心些什麼？

試著思考：顧客有哪些的「不」？

這些內容，最後都會成為「待客之道」，並在銷售的過程中持續發揮作用。

5 抓獨角仙、老人會、溫泉祭……這三項活動的共通點是？

接下來我要介紹的是以顧客的角度提供有用的資訊，而業績持續暢旺的三個實際例子。也就是三間具有獨特「待客之道」的溫泉旅館。

所謂溫泉旅館，通常會以部屋食（編註：送到客房內的晚餐，通常是日式料理，以豪華著稱）、湯屋作為商品重心。不過這裡介紹的三間旅館，卻不是以這些商品（料理、房間、溫泉）來當作賣點。

接下來，我要說明的重點是：了解自己的優點，確認自己到底可以為顧客提供什麼樣的協助，才是這些旅館業績突飛猛進的契機。

我要介紹的第一間溫泉旅館，是位於信州（長野縣）白馬八方尾根山麓的「五龍館飯店」。

一般溫泉旅館的平均回客率約為三〇％左右，但這間旅館卻幾乎是兩倍以上，高達五六％回客率。

五龍館飯店人氣的秘訣，在於舉辦很多的活動，使入住的家族有快樂的戶外體驗。

其中最受歡迎的，就是「放暑假！來抓獨角仙吧」的夏季體驗。這個活動每年都有上千人來參與。

對顧客來說，「進入森林捕抓獨角仙」的體驗，是可以讓家人留下快樂的回憶。如果只是想要得到獨角仙，鄰近購物中心也可以買到。因此，重點不在於獨角仙這個商品，而是家人一同進入森林，捕抓獨角仙的快樂回憶，當然得儘可能降低難度。

所以，五龍館飯店就以「創造家人美好回憶的顧問」切入，協助來到這裡的遊客都能擁有美好回憶。

「想要獨角仙」與「想要捕抓獨角仙的美好回憶」完全不同。

顧客期望的，是「捕抓獨角仙」過程中的美好回憶。

顧客真正期待的是體驗，因此提供適合的活動，並將這項資訊傳遞給顧客，也讓五龍館飯店有效拉高回客率。

事實上，不僅是因為工作的關係，我們家的家族旅行也總是會光顧五龍館。我家的小孩相當喜歡這家旅館，問他們「夏天想去哪裡旅行？」，他們總回答「沖繩很棒！海邊也可以，最想去五龍館！」

對小孩而言，五龍館與海、沖繩同樣留下深刻印象，留下美好回憶。

如何才能為家人創造美好回憶？並非每家旅館都要規劃抓獨角仙的行程，而是要去想：如何能為來訪的客人「創造美好的回憶」。第一線的人員要能夠去累積相關的實用資訊，確實為顧客提供服務第二家溫泉旅館，是石川縣的「山代溫泉 加賀之宿 寶生亭」。我不只是他們的顧客，與其常務董事帽子山宗先生也已相識四年。

過去，溫泉旅館幾乎都會安排住客在房間內用餐，餐點則由女服務生準備。如果是團體客人的宴會，她們也會與顧客同樂。

寶生亭，是地區老人會中，擁有壓倒性人氣的一間旅館。遵循舊有的傳統模式，並加以改良，是這間旅館的特色。

這個地區的老人會成員多在七十到八十歲左右，大家都有年輕時在溫泉飯店享受美食、與老闆娘一起同樂的經驗。對他們來說，這也是相當歡樂且令人印象深刻的回憶。

不過隨著時代的改變，那樣的旅館幾乎已不存在了。

老人會的成員都覺得很失落，現在難道真的找不到那樣快樂的宴會了嗎？

當大家懷念起過去型態的旅館時，寶生亭的出現，就讓人有「就是這個！這就是我要的旅館！」的感覺。

這裡的老闆娘喜歡唱歌跳舞，也喜歡熱鬧。她總是滿臉笑容地歡迎客人。老人會的成員都喜歡來這裡聚會。

原因無他，因為這裡充滿讓顧客滿意的要素。

寶生亭的例子，就是考量到「以自己擁有的要素，讓特定顧客開心」的結果。他們在做的，就是以他們的待客之道，滿足老人會顧客的期待。思考「能夠為老人會的顧客做什麼」，所以不斷提升每年的活動企劃。結果獲得老人會的顧客，八〇%以上的回客率。

第三間旅館，為位於新潟縣新潟市的「岩室溫泉 富士屋」。

岩室溫泉是一個擁有三百年歷史的溫泉區，其中富士屋是一百四十五年前就開始營運的老字號溫泉旅館。

這家旅館的特色是，雖是老字號溫泉旅館，但女服務生都相當年輕、有朝氣。使顧客產生有著「來到富士屋，就變得有活力」的感覺，很多人也因為「為了獲得明日的活力而前去住宿」，可說評價相當高。

不只如此，舉辦慶典活動，更是旅館引以為傲的項目。

二〇一四年四月，為了慶祝自家旅館發現新的溫泉源頭，也為了感謝長久以來照顧旅館的顧客與廠商，富士屋舉辦了「大感謝祭」。準備的餐點，在中午前即被大家享用一空，大會還因參與人數過多而中止，可見其盛況。

最後，許多顧客都表示「這是這次春假裡最後最美好的回憶！」、「這麼棒的活動，希望能再舉辦」。

不限於一家溫泉旅館，如果同一地區的企業或店鋪都能夠參與，就可以舉辦各式各樣能夠讓顧客活力十足的活動。

如此一來，整個溫泉區都可以活絡起來。在這樣的考量下，岩室溫泉便舉辦了各式各樣的祭典。

此外，每次舉辦祭典時，負責活動的成員都會去想要怎麼樣才能讓活動更好，是不是有哪裡做得還不夠。透過不斷的改善，讓活動越來越完善，也越來越有活力。完全符合我說的「待客之道」，這樣的待客之道也讓更多顧客光臨這家溫泉旅館。

同樣是旅館業，但三家旅館，就有三種待客之道。

創造家人美好回憶的，是五龍館。
為老人會帶來年輕活力的，是寶生館。
如果想要獲得朝氣，請光臨富士屋。

三間旅館都充分利用自有的特色，思考如何去幫助顧客的結果，就是成為一間獨具風格的旅館。

✦不與競爭對手對抗，不互相搶奪顧客。

所以關鍵是，請以顧客的立場來思考。您認為顧客會前往旅館同業相互競爭，相互搶奪顧客的溫泉區嗎？

這種地方讓人厭煩，幾乎無法靜下心來。

只是去想與競爭對手對抗，相互搶奪顧客，對提昇業績來說絕非上策。

在想要有什麼創新以前，先把目前擁有的東西（也就是企業、店鋪所擁有的，可以成為待客之道的「素材」），以顧客的立場重新檢視，思考可以為顧客帶來怎樣的幫助。

所謂的待客之道，其實就是從我們對自己、對公司、對產品的重新省視而來的特質。

不管是多大的公司，多小的店鋪，都一定能擁有自己的「待客之道」。

松野守則

- 店員「必須賣出商品」的念頭，將澆熄顧客的購買慾
- 比「競爭」更重要的，是對自己「待客之道」的省視。
- 拋開「銷售的立場」，轉變為「客人的〇〇顧問」。
- 以顧問的身分，將自己如何協助顧客的不便、不滿、不安，作為第一考量。

第三章

用「隱形資產」捉住客戶的心

1

到處拉下鐵捲門的商店街，就靠著「手寫廣告」復甦了！

不論什麼樣的小店鋪，都擁有對顧客有用的待客之道。如果能確實利用，即使不使用網路或精美DM，也能有絕佳的行銷效果。

讓我體悟到這件事的，是我在擔任商店街活化講座的講師時，所遇見的那群岐阜縣岐阜市柳瀨商店街的老闆們。

✦手寫廣告特訓課

六年前，我接受了當時柳瀨商店街理事長辻英二先生的委託。雖說在此之前我也曾經在這裡舉辦演講，觀眾也因此而獲得極大的誘因與動力，但就是沒有人立刻取採取任何行動。「能不能舉辦那種不用去做什麼大的改變，即使是從來沒有促銷經驗的人也可以輕鬆上手，甚至是帶來效果的特訓課程呢？」辻理事長這麼問我。

可以輕鬆上手，
可以實際感受到效果的特訓課程。

說實在，這是相當難以回答的問題。
畢竟，有沒有效果，還是要做了才知道。
所以我把「可以輕鬆上手」當作重點，決定舉辦一個「手寫廣告特訓課」。

大家可能都看過這種小看板吧。
就是常常在咖啡廳、居酒屋、美容院前常擺放的手寫黑板，上面除了今日特選菜單服務外，也常常有一些像是「天氣變冷了，來杯熱騰騰的拿鐵，放鬆一下吧！」之類的文案，或是簡單的圖畫。店家常常用這樣的小看板來吸引客人，最近連超商也逐漸流行起來。

不過，在六年前，這樣的小看板並不多。我記得柳瀨商店街幾乎沒有商店擺設這種小看板。

那時，我舉辦了一個「手寫廣告特訓課」，並請大家購買黑板、黑板架，使用彩色粉筆來設計文案與插圖，擺放在店門口。

這種手寫小看板的材料費估計在一萬日圓以內，並不貴，又可以反覆使用，是一個相當低成本的宣傳方式。

有八家店鋪參與了這個課程。

這八家店，有化妝品、美容院、按摩店、雜貨商、女裝店、麵包店等各式各樣的行業。

其實我覺得，或許連來參加的店鋪，最初都對這種手寫小看板的效果感到懷疑吧。

那時，我也覺得做了才知道（換句話說就是我也不知道會不會成功），所以並不意外他們會有這樣的想法（汗）。

在這個狀態下，手寫小看板特訓班開課了，我也從與經營者的對話當中發現很多「對顧客有用的資訊」。

例如：化妝品店「yanggase skincare salon」。

這家店的銷售主力是高級化妝品，所以客人幾乎都是一個拉一個，熟客再介紹客人進來，幾乎沒有什麼過路客進店消費。

✦手寫廣告文案要點

特訓班的第一堂課，講題是「顧客吸引力UP！手寫招牌的書寫要點」。不過其實如果要我自己來寫，我也不知要寫什麼好。

當時店長說，那就來寫新商品的介紹吧！所以我跟他說：

我：「以美妝品達人的身分來寫這類資訊，應該會很不錯。」

店長：「內容呢？怎麼寫會比較好？」

我：「舉個例子來說，通常女性會為了什麼原因化妝呢？」

店長：「為了讓自己看起來更漂亮，改變原有的印象。」

我：「既然如此，請問哪個地方化妝最能改變印象？有什麼秘訣嗎？

貴店有提供什麼服務嗎？」

店長：「嗯，那我來想想看好了。」

經過腦力激盪後，這位店長想出了這樣的文案：

清爽的眉妝!?

臉部的印象，有八〇%取決於眉毛

Now！嘗鮮清爽價只要525日圓

把這樣的小看板放到門口以後，每個月幾乎都有約二十位客人，會因為

「看見外面的小看板」，而進到店裡來。

過去一年，路過且願意進入店裡的客人大約只有一、兩位。而現在，則有一二〇倍的吸客能力！

更何況，這些客人當中，有三分之一除了眉妝外，還會購入其他化妝品。

在這個案例當中，吸引顧客的重點文案是「臉部的印象，有八〇％取決於眉毛」。換句話說，這位店長用他身為美妝達人的專業經驗，將顧客有興趣的資訊，經由店鋪傳遞出去。

店長也從這個嘗試當中體驗到：「顧客要的東西，不只是商品而已，也想獲得如何讓自己變漂亮、如何改變自己形象的資訊。」而這些也都是與銷售連結的重要關鍵。

像這樣一間店鋪有成果出現，大家就更有信心。

其他的店鋪也進而了解到，要如何將自家的「待客之道」傳遞給顧客，展現出實際成效。

與化妝品店的店長交情很好的美容院老闆，看見「八〇%取決於眉毛」的文案，也馬上意識到「既然是這樣，我也可以寫一些關於頭皮或頭髮保養的文案，讓顧客了解頭皮保養的重要性」，然後她就把這些資訊寫上小看板。

您知道嗎？頭皮也會隨年齡老化

您是否也有以下困擾呢？

・頭皮發紅

・頭髮隨著年齡而變細

・在意頭髮損傷，但不得不染髮

・頭髮怎麼燙都不好看

請讓我們來幫您解決以上困擾！

然後，他把這塊小看板放到店門口。

一個月內，就有十名以上的新客人光顧這家美容院。

請不要認為「僅增加十人」而已。

對一個一整年，幾乎沒有路過新客人的個人店舖來說，這已經是奇蹟般的數字了。

而且促銷費用還不到一萬日圓。

這家店傳遞的是，消除顧客對於頭皮發紅、頭髮變細等困擾的資訊。

與其想怎麼與他人競爭，不如去思考自家店舖、企業的商品或服務，可以消除哪些人的哪種「不」。

從這些發想所引導出的東西，每一個都可成為自家獨有的「待客之道」。

2

顧客要的不是衣服，而是讓自己看起來變瘦的祕訣！

就這樣，鄰近的店鋪都開始顯現出成效，每家店都慢慢有了新客人，老闆們爭相走告，特訓班裡的氣氛也更有活力。幾乎所有的店鋪，都能夠利用一塊小黑板，增加自己吸引顧客的能力。

這其中，持續無法進展的只剩下女裝店店長。

這是一家任何商店街都會有的，以年齡層稍高的女性為對象的服飾店。這家店在這裡已經經營三十年之久，老闆表示因為「近來的顧客，只對便宜的商品有興趣」，而逐漸失去待客的信心。

我：「這家店也經營了三十年，是不是有一些關於穿著的知識可以分享給消費者呢？」

店長：「沒有，即使有，也沒有顧客需要。」

我：「沒這回事。」

店長：「不，就是那樣。」

在交談中，我也感受到店長的固執之處。

我：「打個比方好了，例如與橫條紋相比，大家不都說直條紋看起來比較顯瘦嗎？」

聽到這樣說法的店長，立即提出不同論點：

店長：「這是錯誤的！」

之後，店長很詳細地告訴我，為什麼穿著橫條紋也一樣可以顯瘦。

我：「這不就是相當不錯的知識嗎？」

店長：「咦!?這樣子也可以嗎？」

我：「不用懷疑，當然可以！」

店長：「如果是這樣，除了可以看起來變瘦，也有透過穿著，看起來變年輕的方法。」

之後，他便告訴我如何讓人看起來變年輕的搭配法，以及選擇衣服顏色的訣竅。

我：「那麼我們彙整這些內容，寫成小看板吧！」

成果就是以下的文案：

穿對衣服，讓您年輕五歲
人氣新品全面到貨！
三〇年老店掛保證

實際減少五歲？不可能！
看起來年輕五歲？很簡單！
請一定要來本店試試。

這個小看板獲得極佳成效，一天有五人以上「因為看到店舖外的招牌」而進到店裡，透過店長的接待，成功銷售商品。

由於這樣的成功，店長變得更有信心，也進一步嘗試製作POP小立牌。

這時，我們開始討論「緊身短上衣的促銷方式」。

我看到店門口的POP上寫了「雜誌新寵兒！超高人氣緊身短上衣」的字樣，便詢問店長：「為什麼緊身短上衣這麼受歡迎？」店長告訴我：「因為這種衣服可以遮小腹跟遮屁股，這也是女性顧客最在意的地方。」

於是我們在POP上寫了這樣的文案：

「遮小腹又遮屁股！本季熱銷新單品」

同樣因為切合消費者的需求，所以這類上衣的銷售件數也達到倍數成長。

到這個階段，這位店長對POP的效果也越來越有信心，也越來越感興趣。只要是想得到的資訊，他都想用POP與顧客分享。

而思考POP的內容，則完全不會造成成本的負擔。

就另一個層面來看，因為POP的促銷效果，這家店的營業額獲得有效提升。如果不繼續做下去，就會是店裡的損失！於是，老闆不斷地在店裡增加POP。

也因為做了這許多嘗試，我們才能看到顧客的有趣反應。

在此之前，為了讓顧客可以輕鬆找到L尺寸的衣架，所以店長在衣架前貼上「大尺寸」的紙條。

雖說這樣做是想體貼需要大尺寸衣服的顧客，讓他們能馬上找到L～LL尺寸的衣架，但是卻沒有顧客願意靠近這一區。

於是我們稍微修改了POP上的內容，把「大尺寸」改成「稍微大點的尺寸」，如此一來，需要這類衣物的顧客也開始拿起商品，銷售業績開始體貼女性的委婉寫法！加一個「稍微」感覺就沒那麼胖了。

把「大尺寸」改成「稍微大一點的尺寸」，這種體貼，讓女性顧客能更自在地選購商品。這位店長可以連潛在的客人心理都考慮進去，也是本章節一個很好的範例。

成長。

需要L～LL尺寸的顧客，並不認為自己屬於大尺寸，或者認為前往「大尺寸」區，是件丟臉的事。但相對來說，「稍微大點的尺寸」就比較可以接受。這也是實際試過之後才知道的事。

這家洋服店擁有的，就是穿怎樣的服裝，可以看起來較年輕、顯瘦的有用資訊。這些有用資訊，也因為店鋪前擺放的立牌或小看板，能傳達給顧客。

結果這家店不再門可羅雀，而成為生意興隆、充滿活力的店鋪。

從這個成功的事例，我再度體認到，透過長時間持續的買賣經營，店家或企業大多在不知不覺中就累積了顧客需要的資訊、對顧客有用的知識。

事實上，很多店鋪（人）都擁有很棒的資訊（Contents），自己卻不知道。

但我們要做的，並非等待顧客詢問，再來答覆，而是先確認哪些是有用的資訊（女裝店的例子，就是「變年輕」、「變瘦」），店鋪先傳遞出去，顧客就會源源不絕進來店裡。

3 「看不見的資產」中，藏有專業價值

我們逐漸可以在柳瀨商店街的各個店鋪看到成效。本來就熟識的老闆之間，也會相互交換販售的訣竅。不但手寫小看板、立牌做得越來越好，甚至有人開始做傳單與小報紙發送給消費者。

幾個月後，特訓班舉行成果發表會。每位老闆再講到自己做的小看板與POP時，眼睛都閃爍著光輝（笑）。

在此之前，大家都認為顧客不需要自己所擁有的東西。

「反正顧客都只想要便宜的商品。」

「我們怎麼可能有辦法跟大企業競爭？」

那時，每位老闆都抱持著這樣的消極想法。

特訓班讓他們重新檢視自己擁有的資訊，他們做的僅只是把這樣的資訊傳遞出去，就立刻可以看到效果，這也為他們帶來繼續前進的信心與勇氣。

我也很高興。同時重新體認到：

不論多小的店鋪，確實都存在可以傳遞給客人的專業資訊，也都擁有自己的「待客之道」。

從事買賣的人，都是各行各業的專業人士。與一般人相比，擁有特別的知識。雖然對自己而言，這是理所當然的知識，但對顧客來說，卻是無法替代的有用資訊。

銷售，不能只是想要把東西賣出去。要能夠檢視自己擁有的知識，發掘這些「看不見的資產」，並重新整理這些資產。要把自己明確定位在作為顧客「〇〇顧問」的位置上。

這邊介紹的三間店舖

・美妝達人的有用資訊↓臉部的印象，八〇%由眉毛決定。

↓「留下良好印象的顧問」

・美髮專業人士的有用資訊↓頭皮也會隨年齡而老化

↓「防止頭皮與頭髮老化的顧問」

・服飾專業人士的有用資訊↓透過服裝穿著，可以看起來較年輕

↓「讓人看起來年輕五歲的顧問」

請您也這樣思考看看自己所擁有的「待客之道」。

下一章節，將介紹鍛鍊「待客之道」能力的五個撇步與案例。

松野守則

- 不論店鋪多小，都蓄積著優異的資訊與知識。
- 在顧客詢問之前，就把這樣的資訊傳遞出去， 可以提升顧客進到店內的機會。
- 傳達方式，不一定要花大錢，最重要的是要去做。
- 無須擔心結果。只要能把「待客之道」傳遞出去，客人就會給我們答案。

第四章

提升「待客之道」與衝高業績的五個撇步

1 從發現自己的優點出發

就像我在上一章中所講的，再怎麼小的店都有它的待客之道存在。

想要發現並提升企業的待客之道，第一步就必須確實了解自家企業擁有的價值。

話雖如此，提到企業擁有的價值是什麼，大家多半似懂非懂。

要重新審視自己的企業，找出能成為待客之道的價值，請思考以下五件事：

①因為自家公司的商品而發生，讓自己最感動的事是什麼？

②顧客所感受到的是自己公司的哪一項優點？

③自己的公司最能滿足哪些族群？

④公司能提供顧客怎樣的協助？

⑤公司能幫助顧客到什麼程度？

我們將透過實例，讓大家了解①到⑤的內容。

不管是怎樣的公司，只要擁有自己的待客之道，並具備傳遞這份待客之道的能力，就能不受景氣或同業動向影響，業績持續向上攀升。

2

撇步①找出顧客被自家商品感動之處

從「外觀有型」到「住起來舒適」。回歸原點，讓業績成長二倍的建商

如果有人問：「你們公司的優點是什麼？」你會怎麼回答呢？能夠斬釘截鐵回答說：「就是這個啦！」的企業會賺錢也是應該的，但事實上無法明確說出答案的企業才是多數。

另外，很多企業明明有許多傑出的優點，卻不小心被忽略或被誤認，這也是個問題。

想要修正忽略或誤認優點的狀況，最重要的是要努力回想，自家的商品或服務在什麼時候，曾讓自己有很好的感覺。

接下來，就讓我們來介紹一家從自己本身的經驗，重新審視自己公司的優點，業績因此成長了二倍的建商。

位於鹿兒島縣霧島市的「SUMAIS」（株式会社住まいず），是一家用當地生產的木材來幫人蓋房子的建商。

長久以來，這家公司都是以委託專門的房仲顧問銷售、製作DM，再邀請顧客來參觀樣品屋的方式促銷。當時顧問告訴他們：

現在常出現在電視連續劇中，那種有個中島廚房、局部挑高、整個鋪木質地板，外觀看起來很時尚的房子比較好賣。

所以只要做張能強調房子多時尚的DM，就會吸引很多人來看房子。

因為如此，該公司特別請來專業攝影師，拍了許多時尚而且看起來很特別的照片，再用這些照片來製作DM。

✦ DM訴求重點

當時，他們在報紙裡夾了三萬份的DM，後來到現場來參觀樣品屋的新客則有十七組。這個成績不算太差，但從業界平均的角度來看，應該還是不夠理想。

不過，這都是小問題，真正的煩惱還在後面。

那就是，難得讓這些客人都來到現場，卻沒有一組成交。

探究原因之後發現，原來是**DM與產品之間的落差太大**。

「SUMAIS」蓋的房子，是強調用鹿兒島霧島當地種的樹木來蓋「住起來很舒適的家」。

另一方面，DM上傳達的卻是現代而都會的訊息，所以來看房的顧客幾乎都想買「外觀很時尚的房子」。不過，參觀時實際看到的房子，雖然讓人覺得住起來應該會很舒適，卻稱不上時尚，顧客當然會感到有點失望，無法順利成交也就很正常了。

換句話說，這家公司只是因為聽說現在這種房子好賣，就請人來拍美美的照片放在DM上，讓人覺得它是一間時尚的房子。但從這裡我們可以看出來：這家公司不了解自己的價值根本就不在這裡。

注意到這點的「SUMAIS」有村康弘常務，苦惱不知該如何讓人知道自己公司的價值，於是跑來參加行銷大師藤村政宏老師所主辦，且由我負責擔任講師的行銷課程。

課堂中，我問了有村常務：

不知道貴公司所提供的房子，讓您感到最感動的事是什麼？

有村常務立刻回答：「你這麼一問，最近倒是有件事情讓我很感動！」

仔細詢問過後，才發現事情原來是這樣。

最近常務家裡剛好有孩子出生，暫居在大樓公寓時，白天孩子每次只要一躺下，就會很不開心地哭，到了晚上，哭鬧的情況更是嚴重。但當他帶孩子到自家蓋的樣品屋後，孩子不但笑嘻嘻地玩得很開心，晚上也睡得很安穩舒適。

看到孩子這個模樣，他很感動地想說：「啊，果然還是我們家蓋的房子住起來比較舒服。」也因此重新體認到自家房屋的優點。

「原來如此！既然這樣，那您何不將這份感動刊登到DM上呢？」

聽我這麼建議，常務回去後就立刻幫孩子拍照，還用那張照片去製作DM。而標題就是：

大家知道嗎？
真正木頭蓋的房子，
連嬰兒都舒服到睡翻了！

然後，跟之前強調房子多時尚的DM一樣，在報紙裡夾了三萬張後，想到居然來了六十七組新顧客！

況且，那天還剛好碰到當地小學在辦運動會（依照業界的慣例，只要是以家庭為客群的商品發表會，辦在跟小學運動會同一天，到場的人數大概會減少二～三成）。

另外，當天到場的顧客，全是跟常務一樣家裡有小朋友的夫妻。

因為公司有請顧客帶孩子到場，而常務在會場內也同樣抱著孩子出去迎接顧客，所以大家不僅因為育兒等話題聊得很開心，還因為能跟孩子們在樣品屋中一起玩耍，實際感受房屋舒適之處，而使成交客數大幅成長許多。

因此，常務更加確定：

果然，我們公司所能提供的就是住家的舒適度啊！

✦發現誤差，消除誤差

從那次之後，每次他都會將自己孩子的照片放到DM裡，透過孩子的笑臉與成長，全力宣傳房屋的舒適度，結果三年內，施工件數增加了約二倍之多。據說，現在顧客想預約施工至少要等半年以上。

換句話說，有村常務就是透過自己的實際經驗，重新認識到自己公司的優點，回歸原點後再具體地將它宣傳出去，最後直接反映在業績表現上。現在他們公司為了能提供當地的顧客更舒適的家，不只是建屋所需的木材，連隔間與周邊環境等都一併考量進去，思考還能做些什麼來提升住屋的舒適度，同時累積自己的 Know-how。也就是，提升自己能夠提供更加舒適住宅的優勢，然後再不斷地予以宣傳。

請試著像這樣回顧自己本身對自己公司、自家商品，最動心或最感動的片段看看。這是非常重要的事，

它能讓你從自己本身的經驗中，找到能提供給顧客的體驗。

否則，就可惜了有這麼多的可貴的優點。要知道，如果自己認識不清，不僅完全無法傳達給顧客，甚至還可能讓宣傳方向整個走偏。

3

撇步② 發掘顧客感受到公司的獨特優點

傳遞自己特有的價值，持續在全國展店的日間照護機構

就算我們覺得「自己公司是因為〇〇事讓顧客很開心」或「顧客都很愛自己公司的〇〇」，但事實上有時候不一定是這樣。

所以說，光在自己心裡空想是不行的，重要的是，還要記得問問顧客們，從第三人的角度找出自己公司的價值。

讓我了解到這點的，是一家正在努力將日間照護中心，拓展成連鎖機構的公司。

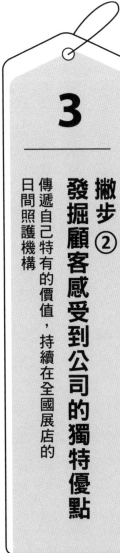

總部設在東京都葛飾區的 POWER REHA（店名為 JOY REHA），是間正在日本全國拓展每日三小時運動的專門型日間照護事業的公司。

剛成立時，這家標榜不供餐、不提供淋浴設施、每日三小時的重點在運動，並訴求恢復身體機能的日間照護中心，當時確實令人耳目一新，也順利在全國開了許多分店。

不過，不久之後，因為坊間出現許多提供類似服務的日間照護中心，逐漸讓人覺得這已經不再是 JOY REHA 才有的服務。

因此，該公司特別聘請我當顧問。

他們希望透過我的教學，能讓員工在面對正在找日間照護中心的使用者、家人或健康管理師問到：

你們家跟○○公司（競爭對手）有什麼不同？的時候，能做出正確的回答。也就是希望我能幫他們明確找出 JOY REHA 的長處。

✦找出公司的優點

在我第一次到訪時，詢問：「可以請大家告訴我，JOY REHA 相較於其他日照中心，有什麼特別之處嗎？」的時候，大多數幹部給我的答案都是：「跟其他地方最大的不同，就是我們有許多配備創新系統的運動器材。」

JOY REHA 配備創新系統的運動器材確實很厲害。

他們的系統能進行靜脈認證，運用登錄手心或手指靜脈的形狀，來確認使用者是誰，因此絕對不會有將各個使用者的個人資料搞混的狀況發生；而且，還能配合使用者身體所能負荷的範圍，提供最適合他的訓練；現在根本沒有一個地方的器材配有這種設備。

不過，我心裡想的卻是——

JOY REHA 不可能只有這項優點。

一定還有其他特別的地方才對。

事實上，當他們帶我到處參觀時，創新的器材確實令人驚豔，但讓我印象最深刻的，卻是年輕又有朝氣的員工，以及使用者聚在一起，開開心心運動時的笑臉。

於是，我試著用別的方式又問了一次這些幹部，我說：

「你們覺得這些使用者，都是因為看上這些器材，才來 JOY REHA 運動嗎？」

大家稍微想了想後，答案幾乎仍然是：「對啊，應該就是看上器材吧！」會出現這樣的答案，應該是因為大家一直以來都是這麼想的緣故，所以也是沒辦法的事。

不過，要知道，配備創新系統的器材沒什麼了不起，只要肯出錢，任何人都可以模仿。

因為，器材終究是死的東西。

不靠死的東西，你們還能提供什麼特別的體驗呢？

這才是關鍵。

找出 JOY REHA 對使用者有幫助的優點，將優點發揚光大，讓消費者知道「這項服務只有我們這裡才有喔」，才能從眾多的日照中心中脫穎而出，成為大家爭相選擇的對象。

為了做到這點，除了器材外，JOY REHA 還必須思考自己能提供使用者什麼樣特別的體驗。

因此，我們決定對使用者進行問卷調查。

因為這麼做，將能讓大家更加了解，公司哪一點讓使用者覺得開心、哪一點讓使用者感到期待，或自己究竟提供了使用者哪些體驗。

想要了解公司自認的優點與顧客所感受到的優點之間是否有所落差，**最有效的方法就是「請顧客填問卷」**。

✦填問卷的好處

光是二個禮拜左右的時間，他們就從全國各地的分店，收到一百份以上的問卷，且全都是會員親筆寫的。日照中心畢竟是看護機構，使用者以行動不便的人居多，但據說連一些不方便寫字的人，都拚命地完成了問卷。

跟經營團隊及分店負責人等一起讀了回收問卷後，發現答案琳瑯滿目，例如：

「鄰居都說我變得既開朗又有活力，這一切都要歸功於日照中心的員工們。謝謝大家!!」

「沒有 **JOY REHA** 就沒有現在的我。現在，不管是精神或身體都變得好有活力！」

「來日照中心三個月了，非常感謝各位年輕溫柔又有朝氣的員工，這麼親切地指導我！」

「來到這裡讓我變得很有活力，也結交到許多朋友。我真的好開心！」。

像這樣的聲音真的很多（**順道一提，完全沒人寫到創新器材的事**）。管理者看到這些問卷，每個人都眼眶泛淚，同時也重新體認到：

我們真的是在做一件很棒的工作耶！

自己的工作真的對人很有幫助啊！

另外，也有許多直接指名道姓的問卷，如：

「〇〇小姐教了我許多靠自己力量站起來的方法，讓我好高興喔！」

「好想再聽△△先生吹口琴喔！」……等等，讓被點名稱讚的人都開心得不得了。

不過，填問卷的好處當然不僅止於此。

它還會讓你更清楚自己公司真正的價值、能夠提供的體驗以及競爭優勢。

問卷中出現最多的就是「我的身體能動了！」「我能做〇〇了！」這類高興自己身體機能逐漸回復的聲音。

其次則是「人變得很有朝氣！」「心情變得很開朗！」等精神上恢復活力的回應。

最後，還有一個重要的回饋便是「結交到新夥伴！」「認識了新朋友！」。

因為真的有好多使用者都寫到了這三點，於是，大家便以這些聲音為基發現自己公司真正的價值，進一步提振了員工的士氣！

日照中心的使用者們，一字一句拚命填完的問卷，會讓員工因使用者的心聲，了解自己公司真正的價值，而這些都是他們自己從未想過的；因此，顧客的心聲對任何行業來說，都是無價的寶藏。

礎，試著將JOY REHA的優點（優勢）做成以下文案：

JOY REHA的目標就是打造一個充滿笑臉的園地。

然後再以這句話為中心，配上使用者笑臉的照片，重新製作公司簡介。跟過去的簡介稍微做一下比較，就能了解二者的差異。

比起簡單寫著「健康運動專門型日間照護中心」的簡介，新的版本明顯比較容易讓人了解，來到自己公司的使用者，能得到怎樣的體驗。

不只是刊頭，連內文都透過放上員工出來親切問候的照片、使用者的感受、使用者一天的生活，讓大家知道為何只要來到這裡，「身體心靈就會變得更健康，人際關係也會變得更寬廣」。

從回收問卷裡許多使用者的心聲中，挑選出較具有代表性的文字作為標題，接著再**配合標題去製作簡介與網站，從公司介紹到名片都徹底更新**，並持續進行研修與開會，目的就是希望全部員工都有辦法告訴大家，來到 JOY REHA 會有什麼好事發生。

簡介或網頁等宣傳工具不是做了就好，還要讓員工都了解，**「我們究竟想用這份簡介告訴別人什麼」，對顧客的宣傳效果才會徹底不同。**

透過請顧客填寫問卷，JOY REHA 發現，他們能對使用者做的，不光是專門訴求運動的日間照護服務而已，而是要打造一個讓人「身體心靈都更健康，人際關係也更寬廣」的園地。

這便是 JOY REHA 的財產與優勢。

了解到這點之後，大家便開始思考……

- 怎麼做才能讓心靈更健康？
- 怎麼做才能讓身體更健康？

・怎麼做才能讓人際關係更寬廣？

……，藉以提升自己公司的優點。

如此一來，有些原本使用率只有約七成左右的分店，在短短三個月的時間裡，就成長到幾近客滿。

每位員工都越來越明白自己該做什麼，公司也不斷累積自己的優勢，而且，這些成功經驗，不只侷限在直營店，他們也會跟加盟店分享，讓加盟的店家也跟著成長；該公司現在正以每年加開十間分店的速度在全國展店，事業規模持續擴大中。

顧客的感覺如何？

為何會選擇我們公司？

請務必要記得問問顧客：「你覺得我們公司的優點是什麼」。

如果是自己開店的話，當顧客上門時，就算只是跟他問聲：「感謝您長期的惠顧。請問您會光臨本店是因為喜歡我們哪裡呢？」也ＯＫ。

舉辦活動時，做張簡單點的問卷，寫上「**請跟我們分享您的喜悅！顧客您的喜悅將成為我們活力的來源！**」來了解顧客的感受應該也不錯。

因為這些顧客的感受，往往會幫助大家找到公司新的價值與優勢。

有些人覺得「我們家居酒屋的賣點就是新鮮的生魚片！」但事實上顧客會上門，卻有可能是因為你們家的隔間很棒，或看上裡面的套餐；有些精品店以為服飾的貨色齊全是自家的優勢，但顧客心裡真實的想法則是：喜歡享受靠在沙發上，一邊喝咖啡，一邊又有人願意聽他講很多話的待客風格。覺得來了之後心情變得非常舒暢，才經常上門光顧，進而提升了你們店的業績。

所以說，**大家自認的「賣點」，往往都是自己一廂情願的成分居多**。

偶爾還是要直接問問顧客，聽聽顧客的聲音才行。

4

撇步③ 針對公司的目標客群下手

鎖定目標客群，連續十年業績成長都超過一二五%，眼光精準的包裝材料製造商

自己公司的優點最能滿足哪些人？最需要我們這個優點的又是誰？

這些人就是我們的「目標客群」。

篩選出目標客群，將能讓我們更了解顧客想知道哪些事，提供更多顧客所需的情報與服務（優勢）。

接著，就讓我們以某包裝材料製造商的成功經驗為例來進行說明吧！

大阪市阿倍野區有家叫做 HEADS 的包裝材料公司。

所謂包裝材料，簡單來說就是指包裝用品，而 HEADS 就是專門製造生產，我們去蛋糕店或生活雜貨店買東西送人時，用來包禮物的包裝紙或緞帶的廠商。

但伴隨景氣變差，禮品的需求量也逐年減少。

再加上受到環保風潮的影響，消費者傾向減少包裝，更讓整個業界的業績嚴重下滑。

最慘的是，包裝材料業中有家非常大型的公司，光這家公司就占去近一半的市場，而且這家公司每年還會推出厚厚一本型錄，裡面載滿數千種商品，感覺上好像只要有這本，就不需要再看其他家的型錄了。

業界的整體業績都在下滑，又有個市場占比超高的大公司在獨占市場。

其他的業者幾乎都快生存不下去了。

其中，只有HEADS依舊穩健，近年來每年業績一直持續成長一一五%。不過事實上，直到十年前為止，HEADS都還在為業績不見起色而苦惱。

因為，以前的HEADS，完全仰賴中盤商將包裝材料，提供給下游的生活雜貨店，所以，只要中盤商的銷售狀況變差，製造商的業績就會跟著下滑，就算問中盤商原因，他們也只會告訴你「因為景氣太差」或「整個業界狀況都不好，我也沒辦法啊」而已。

HEADS不相信真的完全無計可施，於是決定試著再次審視，看看自己公司的優點或價值究竟是什麼。

當初的想法是，只要弄清楚這一點，或許就能在生活雜貨店以外，拓展出自己公司獨有的銷售通路也說不定。

這時有人提出來，很多顧客來到HEADS都會稱讚他們：「HEADS的商品真的好可愛又很有品味！」

於是他們開始思考，誰最需要用到「可愛又有品味」的包裝材料，以及這項優點最能滿足哪些客人。

儘管一時間腦中閃過禮品店、麵包店、蛋糕店、花店、網購公司等諸多候補名單，但最後他們決定只要先將目標鎖定在花店就好，並告訴自己：好吧！就讓我們來做些專為花店設計的商品與型錄吧！

於是，他們便開始為花店進行商品的研發與型錄的製作，而非生活雜貨店、蛋糕店或麵包店也都通用的商品。

✦為目標客群設想

請試著想像一下，

如果你是開花店的人，你會選擇裡面滿載各個業界都通用的包裝資材，像百科全書般的型錄？還是會選擇專為花店設計，只登載既可愛又有品味的商品與情報的型錄呢？

答案就是，多數的花店業者都紛紛選擇了HEADS專為花店設計的型錄。

當初他們在搜尋店鋪資訊時發現，整個日本當時共有三萬家花店。

於是他們便將自己公司特製的「花店專用包裝用品型錄」，分別寄送給這三萬家花店。當然，其中沒有任何一家花店，是跟他們直接有過生意往來的，所以根本就是在亂槍打鳥。

老實說，要說它亂來也真的是很亂來，總之，完全不像是有行銷常識的人會做的事。

話雖如此，反應又是如何呢？

那就是，大多數的花店根本不在意自己之前沒看過HEADS的「花店專用包裝用品型錄」，也不介意不經中盤商直接交易的作法，紛紛向HEADS訂貨。

儘管訂購率因屬商業機密而無法公開，但相較於一般DM的反應率頂多只有一～二%，這高出數倍以上的反應狀況，算是非常成功。

剛開始時，他們確實多以提供既可愛又有品味的包裝紙為主，但在懂得以花店的角度去觀察後，他們得到了許許多多的靈感，也一步步將靈感放到商品的研發中。

他們的商品不只是「既可愛又有品味」而已，還加入了對花店有幫助的點子，換句話說，就是強化了競爭優勢。

接下來，就讓我為各位介紹一個 HEADS 特別為花店研發，母親節專用的新商品。

母親節時好想將一盆盆的康乃馨都擺出來，
但塑膠花盆醜醜的，
套上籐籃的話又很占空間，
而且會讓單價變高，害客人買不下手。

到底有沒有什麼好的方法可以解決呢？

這種時候，只要你有這個，

事情就簡單多了！

HEADS 用這樣的鋪陳方式介紹商品。

他們不只是標明商品的式樣（尺寸或重量等資料），還會明確地讓顧客知道，這個商品什麼時候最有用。

所以，**這已經不是單純在賣東西，如果沒有仔細觀察過花店的煩惱，知道什麼事情困擾著他們，或他們在哪一方面辛苦，並試著去幫他們解決問題，是無法做出這種商品的。**

顧客的煩惱就是我們的煩惱！

想像「如果你自己開花店的話會需要什麼？」或「這個季節裡花店老闆會有什麼煩惱？」把它當成自己而非別人的事，設身處地幫顧客解決不便或不滿，是非常重要的。

✦客戶的煩惱就是我們的煩惱

現在HEADS的官網上這樣寫著：

我們不只是家提供包裝材料的公司，
也製造、販賣包裝設計師所設計的促銷材料。

我們秉持「簡單・美觀・方便」的原則，
將任何人都能快速完成包裝的材料，
販賣給一般零售店做為營業之用。
我們公司所製作販售的材料，並非只是單純的「包裝材料」。
我們還能站在消費者的角度，
製造出讓每位顧客都很滿意的「宣傳販賣材料」

而肩負這個重責大任的設計師，

我們就稱其為「包裝設計師」。

不讓自己只侷限在「既可愛且又有品味」，**還努力進行商品的開發與情報的提供，來消除花店的不便或不安，幫助花店的花賣得更好**。像這樣，全力想幫助花店的想法，也讓公司的方向變得越來越明確。

業界中，用這種想法在製造商品的公司，除了 HEADS 沒有其他。可說是僅此一家別無分號。

想要幫助顧客，而不只是販賣自家商品的話，第一步就是要用心仔細地觀察顧客。如此一來，就會明白顧客正在煩惱什麼事情，或什麼事情讓他感到不方便。

然後，再持續宣傳能夠解決這些問題的商品或情報。如：

・幫你解決煩惱的包裝特輯
・包成三角形或圓筒形的訣竅
・熱門花店介紹
・生日禮物包裝情報
・店頭POP的樣本或寫法……等等。

雖然這些只是HEADS所做的其中一小部分而已，但這些都成為了他們的優勢。

不光是型錄，他們還透過網頁與電子報等管道不斷地宣傳。後來，這些**提供對顧客有幫助的情報，與年年提升的競爭優勢，全都成為公司無形的資產**。

現在，HEADS不只為花店提供專屬服務，也進一步為蛋糕店製作專用的型錄。

雖然蛋糕店的部份也非常成功，但事實上並非所有的通路皆如此順利。

比方說，他們也有製作並寄送專用型錄給網購公司及禮品業者，不過，反應卻不如預期；才發現這些業者可能不是那麼需要「可愛」或「有品味」這類的特色。

「最需要我們公司、最懂得肯定我們公司價值的是怎樣的公司呢？」

這一點，往往要試過才知道。

別害怕，第一步就從先鎖定目標再進行宣傳做起吧！

5

撇步④ 為顧客提供專有服務

不是因業務部，卻是因興隆部而大為成功的「不賣食品的食品公司」

公司在進行B to B（指公司跟公司做生意）時，該跟哪家公司往來，判斷基準往往非常明確。比方說，假設現在同時有A與B兩家公司，該選擇哪一家的標準就只有一個。那便是——

跟哪家公司往來對自己公司比較有利。

由此可知，只要我們懂得將重點放在「顧客的利益」，提供能幫助他們提升利益的知識或技術，就能讓跟我們有生意往來的公司，自然而然選擇我們家的商品。

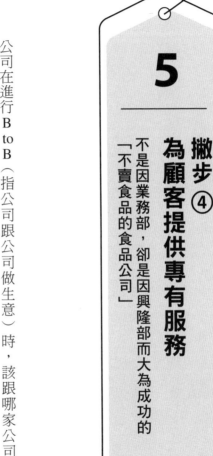

✦幫助下游廠商的公司

這裡有個不錯的例子。

這是家不只會製造優質商品的食品公司，他們還願意下功夫提供情報，給跟自己有生意往來的零售商，告訴他們在店頭該怎麼做商品才會大賣、賣場要怎麼佈置才能提高銷售量。換句話說，這是一家可以幫助顧客提升業績的食品公司。

多思考該怎麼做，才能提升商品以外部分的競爭優勢，也絕對能獲得許多的靈感。

我在前面提到的食品公司，就是位在神戶市長田區，叫做「伍魚福」的食品公司。

這是家每年推出辣味炸花枝、釘煮玉筋魚（譯註：神戶名產，將玉筋魚加入醬油、砂糖與生薑等熬煮，因煮熟後看起來就像彎曲的釘子而得名）、鮪魚酒盜（譯註：是用生海鮮的內臟等，加入日本酒、調味料、紅麴等所醃漬而成的下酒菜）等至少二百種以上美食的公司。

不過，在這個時代，商品不是好吃就賣得好。因為製造食品的公司，不太可能推出難吃的商品，所以光憑好吃的話，商品還是很難賣出去。

我們究竟該怎麼做才好？

我們能為顧客做些什麼？

為這些問題煩惱不已的伍魚福食品，決定拜託我當顧問，跟他們一起思考對策。

在前言中我也提到過，從以前我還在衣服批發公司工作時，就一直有個想法。那就是——

當東西賣得嚇嚇叫時，大家只要不斷地生產，再將商品提供給顧客或零售商就好了。這正是顧客所需，只要這麼做他們就會很開心。

不過，當東西越來越不好賣時，就代表顧客（零售商）已經不再想要這些東西了。因為再進貨的話，只會越積越多，堆在店頭賣不出去而已。

所以在這種時候，我們如果再請顧客（零售商）不斷地持有相同的商品，並告訴他們「請將我們的商品都排出來好好地賣」，他們聽了一定不會高興。

因為，**顧客（零售商）正在煩惱的就是商品賣不掉。**

既然如此，只要我們擁有「該怎麼做才賣得好」的資訊，並協助他們一起把東西賣掉，他們應該就會很開心。

當我這麼跟他們老闆講過之後，發現二人的想法不謀而合。

因此，我們決定用提供「商品＋熱銷訣竅」的方式，來協助顧客提升業績；而想讓跟自己有生意往來的零售商，在店頭的業績能有所成長。最便宜又有效的方法，就是在商品上附上POP。於是，他們決定在公司內部進行撰寫POP文宣的訓練，藉以累積提供顧客「熱銷訣竅」的優勢。

而且，在宣傳自己能提供「熱銷訣竅」的優勢時，也逐步進行促銷工具的變更。好比說，公司平常提供給零售商的型錄，就是很好的例子。

以前型錄的標題是《下酒菜的進貨型錄》，擺明就是為了要賣食品而製作的商品型錄。

不過，如果是從提供顧客「熱銷訣竅」的角度來看的話，這本型錄就必須重作。

所以型錄後來被升級，變成標題為《**下酒菜賣場佈置攻略！只要改變銷售方式，就能有這麼大的不同——**》，同時又載滿各種促銷情報的型錄。

✦讓客戶搶著要的商品型錄

而且，《下酒菜賣場佈置攻略》在被實際拿到東京美食展去發送後，也獲得極大的回響。

很多被派到東京的員工表示，有很多顧客都來問這本攻略：

「我想要一本《賣場佈置攻略》！」

「我聽昨天領到攻略的人說，是要到這裡索取，對吧？」

重點出現了。

是顧客自己主動過來說他們想要索取型錄的喔！

這一點，真的很了不起。

一般來說，在食品展這樣活動展場中，多半都是參展者勉強推銷到場者（顧客）拿型錄或資料。而且，展場出口的垃圾桶中，堆得比山高的也是廠商才剛發出去的型錄或資料。

這是因為，不管是誰都不會想要看，充滿「推銷」色彩，而且只是羅列著各式商品的型錄。就算顧客本來有點想買，也一定會因為看到這種型錄或資料，而打消購買的意願。

不過，伍魚福的型錄不同，不僅徹底幫顧客著想，上面還具體告訴大家各種解決困擾的方法。

在《下酒菜賣場的佈置攻略》中，前半部寫的都是**年度促銷月曆**、**熱賣促銷 POP 的寫法**，**以及實踐 POP 促銷的範例**這類可以幫助顧客在店頭銷售的技巧與情報，商品相關情報則登載在後半部。

像這樣，伍魚福不斷累積「提供顧客熱銷訣竅」的優勢，一步步在商品型錄、給零售店的企劃書、小冊子、傳真購物單、電子報，乃至於網頁上，宣傳「如何才能賣得好的情報」。

這麼做的結果就是，最後東西都賣出去了。

在業界業績多半較去年降低了二〇%的情況下，能夠有業績比去年成長一一〇%的成績，真的是非常厲害！

伍魚福的例子告訴我們，與其向顧客強迫推銷，不如努力提升自己的優勢與宣傳力，只要顧客覺得有幫助，商品自然就會賣得好。

請重新審視，並確認顧客「現在正在煩惱些什麼？」或「現在希望得到什麼情報？」。

如此一來，你就會明白自己在哪裡幫得上忙。

✦協助客戶的後勤部隊

除了靠型錄與網頁宣傳外，伍魚福的業務員也是公司重要的優勢；他們幫助顧客的作法與其他公司的業務完全不同。

在伍魚福，**他們將業務部稱為興隆部**。

這支協助顧客生意興隆的後援部隊，會以各種不同的形式，告訴顧客「該

介紹具體可行的辦法，讓顧客生意興隆。載滿「有助銷售的情報」的型錄，不僅非常值得信賴，也會讓客戶在訂貨時，更為輕鬆、沒有壓力。

大家都很想知道怎麼布置賣場吧！

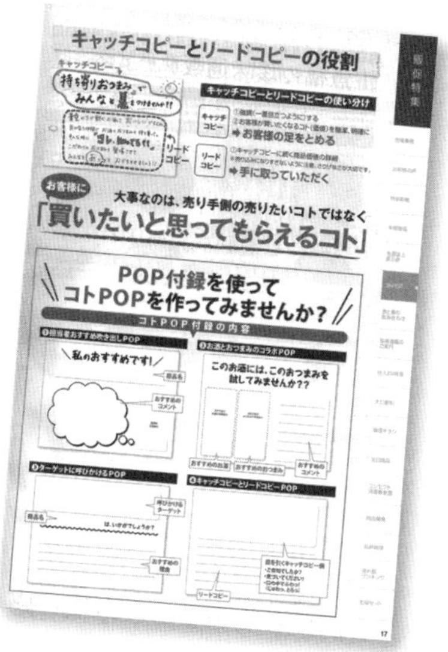

如何銷售」，並讓大家知道公司有這項優勢。

拜訪客戶時，他們會攜帶企畫書或小冊子、有時會邀集工讀生來上POP課、無法前去拜訪的店家，則以傳真的方式來宣傳公司優勢，除此之外，也經常會透過網頁、電子報或部落格等管道，持續告訴顧客他們能提供什麼協助。

跟其他公司的業務員，只會強迫推銷自家商品的做法，截然不同。

既然就算一直叫人「多賣點吧！多賣點吧！」，也不一定就賣得好。倒不如重新思考以下這些問題：

- 「想賣得好」的話，我們該提供些什麼？
- 我們能提供顧客怎樣的協助？
- 我們能提供顧客怎樣的建議？

相信你一定能為自己公司找到新的立足點。

事實上，伍魚福自己公司內部，本來並不具備「賣場攻略」中的知識與Know-how；公司內部的員工手上也沒有所謂的「賣場攻略」。

不過，在進行了半年左右的內部研修等課程後，大家紛紛學會了店頭會用到的促銷道具，也就是POP的寫法。結果，多數的員工最後還都厲害到能進一步去指導零售商裡的工讀生。

對於顧客的需要，你能提供多少協助呢？

就算公司內部本身欠缺這樣的知識或Know-how，邊學邊做也可以！

第一步就是先做了再說。

千萬不能因為欠缺這方面的知識就放棄。

✦方法是人找出來的

進行B to B交易時，想讓顧客獲取利益的話，若不是幫它提升業績，就是降低成本。

請思考一下，當我們想要提供協助時，需要具備哪種優勢？

想要協助顧客提升業績，重點就要像伍魚福一樣，提供該怎麼做才能賣得好的情報，顧客就會覺得很受用。

舉例來說，如果是稅務師事務所，除了平常的稅務業務外，如果還能提供有助客戶提升業績的建議，比如說：

「對現有的客戶，不要一味地強迫推銷，定期寫信分享有用的稅務情報應該也不錯喔！」

「社長要不要在DM中露個臉呢？如果社長在DM上露臉，會更容易獲得顧客的信任！」

換句話說，透過這些知識與情報的提供，自己公司的業績自然也會跟著得到提升。

6

撇步⑤ 把服務做到最好

回住率是業界平均的二倍！溫泉旅館吸引粉絲的決勝關鍵

這個單元要介紹的是，在第一章也出現過，位於信州白馬八方尾根，一家叫做「五龍館飯店」的溫泉旅館。

我跟這間旅館的老闆娘中村由佳里認識很多年了，也一直受到她及旅館的照顧。

顧客希望旅館提供的，真的只有料理與溫泉而已嗎？

讓我明白答案是NO的，便是五龍館飯店。

講到信州白馬，從東京搭車去大概要四～五個小時的時間，如果從大阪過去的話更久，約要花六～六個半小時才會到，說實在的，並不是個很容易到得了的地方。

儘管地處偏遠，但五龍館的回住率卻超過五六％。

而且，即使是再訪過的顧客，依然會一而再再而三地不斷再來。

到底是為什麼？

✦何時開始待客？

我因為接下某個溫泉區活化工作的關係，跟各個旅館的老闆娘見過好幾次面。見面時，我總會問她們一個問題，那就是：

妳認為溫泉旅館跟顧客的關係，究竟是從哪裡開始到哪裡結束呢？

絕大多數的老闆娘給我的答案都是「從 CHECK-IN 開始，一直到 CHECK-OUT 為止」。

確實如此，如果有人問我，我可能也是這麼回答。

因為旅館跟顧客實際接觸的時間，真的只有CHECK-IN到CHECK-OUT這段時間而已，所以旅館才會在這段時間中，不斷地透過料理、溫泉、房間、熱情款待來滿足顧客。

不過，五龍館飯店的老闆娘中村由佳里卻跟大家不同。她認為：

「從賣方，也就是老闆娘們的角度來看，彼此的關係或許真的只是從CHECK-IN到CHECK-OUT而已沒錯。

但站在顧客的立場來思考的話，你就會知道，顧客不會覺得自己是來住旅館，而是來旅行的。所謂旅行，應該是從出家門算起，一直算到回到家為止。只是中間穿插了住旅館而已。

因此，身為旅館的老闆娘，最重要的不就是要思考，自己該如何對顧客這趟旅行提供協助，同時幫他們製造許多美好的回憶嗎？」

✦從顧客的角度看事情

所謂的旅行，從自己家出發時就開始了。

從自己家出發後到 CHECK-IN 的這段時間，因為是第一次去，「也不知道該怎麼走？」「電車該怎麼搭？」「開車去時，哪一個休息站的什麼東西比較好吃？」自然會有好多事情想知道。

畢竟，大家對於自己從未去過的地方，難免會感到不安。

像我自己對於未曾去過的地方，也是以「安全抵達」為第一考量，至於路上有些什麼，或要不要再繞到別的地方去，則沒有多餘的心力去想。

不過，如能去除這些不安，在到達旅館前，多繞到別的地方去看看的話，旅行就會多一個回憶。光是這樣，整個旅程下來就會變得更精采豐富。

別用 CHECK-IN 到 CHECK-OUT 來區分，**而要從顧客的旅程開始，一直協助他們到旅程結束。**

旅行時如果沒有不安或不便，玩起來應該會更開心吧！

基於這樣的想法，老闆娘中村由佳里第一步就是先將《白馬安曇野之旅的好幫手！》這本必讀指南免費寄給有心想到白馬來玩的旅客，並在事前就將地圖、時刻表，以及當地才取得到的許多資料情報，通通提供給顧客。

讓顧客在還沒出發旅行（或還沒決定要去），就已經興奮到不可自已。

而且，當顧客實際來旅行並完成 CHECK-IN 後，她還會邀房客去散步享受白馬的自然美景；為了讓房客在用餐前能稍微放鬆一下，還特別在大廳準備了一個「暖暖亭」，以當地當令食材做出的輕食來招待大家。

這個地方後來也成為，顧客與顧客、顧客與旅館職員交流的地方。

即使是 CHECK-OUT 後，也不會讓顧客就這樣立刻回去，而會在大大的看板寫上「帶個便當到附近去爬山會很舒服喔！」之類的建議，並詳盡說明附近的登山行程。

當顧客爬完山回來，他們也會借你毛巾，問說「要不要泡個溫泉再走啊？」或提供回程的路線、以及附近的觀光情報。

像這樣，從顧客出自家門起到回到家為止，透過源源不絕的情報，努力讓顧客有個美好的旅程。

或許有人會說：「懂得提供情報的旅館多得是！」。

不過事實上，五龍館飯店不只提供情報而已，還積極地提供其他服務。

✦為顧客製造體驗與回憶

舉例來說，對於想抓獨角仙的家庭，他們不會只告訴你要到哪裡抓，而是會讓員工組團帶大家去，積極幫顧客製造各種回憶。

因為只提供情報的話，顧客又不一定會實際去體驗。但**不實際去體驗的話，就不會留下回憶，更不會有感動**。

所以說，他們才會那麼努力協助大家去跨出那一步，並透過一起體驗分享，來創造更多的回憶。

覺得自己與顧客有關係的時間，只有從CHECK-IN到CHECK-OUT的旅館，跟認為從顧客出自家門一直到回到家為止，都應該不斷透過各種情報來提供協助的五龍館飯店；對顧客來說，價值當然完全不同。

常被認為是旅館賣點的溫泉、房間或料理等，只要出錢就可以模仿。另一方面，**可以為顧客做些什麼或提供什麼樣協助的Know-how，卻是砸再多的錢，也模仿不來的。**

因為這是五龍館飯店做了許多嘗試又犯了許多錯，從無數錯誤中所累積出來的經驗，絕非一朝一夕就能模仿得來的。

這是基於「想要努力讓這裡成為顧客的第二故鄉，並讓顧客能一邊悠閒放鬆，又一邊製造美好回憶」的想法，處處替顧客著想，才累積出來的優勢。也是五龍館的價值所在。

換句話說，它是五龍館飯店才有的特點，是獨一無二又無可取代的。

✦讓顧客有需要就想到你

五龍館飯店的例子，也可以套用到一般的公司或商店。

比方說，像建商。

想要蓋新家，第一步就是從參觀樣品屋或成屋開始做起。接下來，則是一場殘酷的顧客爭奪戰。

打贏爭奪戰的建商，簽完契約、蓋完房子，完成交屋後，一切就結束了。也就是說，建商跟顧客的關係，是從顧客到現場看屋開始，一直到交屋為止。

不過，事實上，建商從顧客來樣品屋前，就能開始接觸顧客。

我們可以針對打算蓋新房子的顧客，開個跟家庭或貸款有關的座談會，或幫顧客開闢個圖書園地蒐集相關書籍，想好需要什麼樣的場地或做什麼樣的企劃後，再透過DM或免費的派報，來告知顧客與聚客。

交屋後，我們可以每個月都整理一些像是如何保養傢俱、裝潢的資料，登門拜訪已經入住的客戶，或舉辦感謝祭，邀請曾請你們公司蓋過房子的顧客來參加，讓自己跟顧客繼續維持聯繫。

如此一來，**顧客需要改建就會想到你，有朋友親戚有需要，也會幫你介紹案子。**

從顧客對房子產生興趣的那一刻起，就要透過各種跟家庭有關的事跟顧客接觸，並持續努力「幫顧客打造零失敗的家」。

請試著站在顧客的立場來想一想。

一個是從你去看完樣品屋後，隔天就開始不斷打電話吵著要你簽約的業務員，另一個則是在你尚未決定蓋屋前，就願意幫你解決疑問，告訴你許多資訊的業務員；一間是房子蓋好後就不聞不問的公司，另一家則是房子蓋好後，每個月還會不斷提供寶貴資訊的公司。

如果你是顧客的話，你會選擇誰呢？結果，再清楚也不過了。

松野守則

- 準確傳達讓顧客感動的事情
- 收集顧客的意見，就能找到自己公司意想不到的優點
- 鎖定目標客群，發動強力的宣傳攻勢
- 客人的煩惱就是我們的煩惱
- 讓顧客有需要就想到你

第五章

提升「傳達能力」就能不強迫推銷又賣得好

1

所謂促銷，不是強迫推銷，而是要宣傳自己的「待客之道」

你的公司（或店）「能對什麼樣的顧客，有什麼貢獻呢？」

讀到這裡相信你一定很清楚了。

是不是也從中明白自己的待客之道何在了呢？

這裡還有一點很重要，那就是要將待客之道確實地宣傳出去。

就像第二章中提到過的，一家服飾店就算擁有「如何透過穿搭讓人看起來年輕五歲」的情報優勢，但只要店家不將這個訊息寫在小看板上，並放到店門口讓顧客知道，任誰也不會多看它一眼。

所謂促銷，不是強迫推銷，而是要傳達有用的資訊。
只要能將這些資訊好好地傳達出去，就能為公司或商店創造忠實顧客，即使不刻意推銷，也會成交。

✦傳達資訊三重點

①目標客群要明確
↓確實篩選出目標客群

②傳達的內容要明確
↓讓人明白透過商品或服務對他有什麼幫助

③訴求要明確
↓明白自己是希望對方到店、索取資料、電話預約或購買

不過，很多公司多半在②就已經失敗了。因為重點明明是「傳達的內容要明確」，但大家往往只會提「自家商品的優點」、「自家的服務有多棒」，想法全集中在商品、服務以及自己想講的事情上。

最後錯失了重點，又落入拚命宣傳「我們家的商品很棒，請你一定要買！」的窠臼，說到底還是在強迫顧客消費。

不過，如果能確實掌握傳達的內容，做好「待客之道」，傳達出去的內容則會截然不同，顧客的反應也會天差地遠。

接下來，我們將以比較容易做到的DM、官網，乃至於能提供詳細情報的小冊子為例，說明宣傳自己企業、店面優勢的方法。

這裡的重點同樣不在「銷售」，而在「協助」。

2

「同樣的商品卻比去年多賣十倍之多！」家居建材中心的宣傳重點何在？

鹿兒島縣鹿兒島市有家叫做「shimonso maruhira（しもんそマルヒラ）」的家居建材中心。

這家廠商雖然都會定期製作DM進行促銷，但一直以來都只列出商品、品名及價格。

但其實，為了讓自己的宣傳單看起來跟其他家不同，這家廠商還特別將全部的商品以插畫而非照片來呈現，但看在顧客眼裡卻是大同小異，跟其他家居建材用品店做的沒兩樣。真的很可惜。

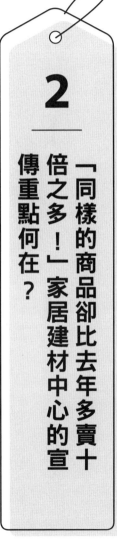

公司心想再這樣下去不是辦法，決定要更換宣傳方式，並以對顧客「有幫助」的事，作為第一考量。

就在這時候，他們突然想到所謂的家居建材中心，基本上就是要人「Do It Yourself（DIY＝提供顧客自己就能組裝的便利商品）」；那麼，在製作宣傳單時，自然不能忘記家居建材中心原來所應扮演的角色。

五月底到六月初，鹿兒島因為天氣變溫暖的關係，草木都長得很茂盛，所以每年這段時間，這家公司都會推出許多以方便夏天園藝作業為主題的DM。

這些DM也因公司重新審視DIY的意義而被替換重作。

把**「以前究竟為什麼要那麼辛苦」**當作標題，並在DM中放進最新的除草機——「手持式除草機」。如果照以前的做法，可能只會在DM上標示商品的插畫、商品名、機種與價格，但這次卻不同。

不必爬上爬下，

有效縮短除草、修剪樹木的作業時間。
不懂以前究竟為什麼要那麼辛苦，
不僅下面的草皮修得到，高處的樹枝也剪得到。
不管是要修剪樹木或除草，都只需短短的時間就能完成。

有別於過去只是很單純地陳列商品，這次的DM上還加上了「它是多麼方便的商品」「它能幫你消除這些麻煩」的情報。

結果，本來上個年度廣告期間才賣出六台而已，這次卻賣了五十九台，多了將近十倍。

除此之外，像裡面有個叫做「輕鬆小幫手」的附帶工具組，他們也重新思考「它到底該怎麼用」以及「它有多方便」。

然後，他們重新包裝這個工具組的DM，加上**「一個人就能辦得到！靠我自己也能簡單搬動重物！」**的名稱。也就是說，「shimonso maruhira」是要告訴大家，現在有這麼方便的工具，能讓女生光憑自己一個人的力量，就能簡單移動冰箱，並配上插畫。

換句話說，「shimonso maruhira」不只是做商品介紹而已，而是把自己當成**「幫助家庭主婦解決疑難雜症的顧問」**，以淺顯易懂的方式，告訴大家這項商品有多便利、能幫你解決多少麻煩、能給你多少幫助。

所以，這段期間整個店的業績，比去年成長了一二〇%。

這裡的重點是，你必須先思考：

- 使用你的商品究竟有什麼好處？
- 對什麼事情會有幫助？
- 可以幫人消除那些「不」（如：不安、不滿或不便等）

然後再來做宣傳。

如此一來，你所提供的，才是顧客真正需要，同時又能提升業績的情報。

3 透過網頁宣傳時髦伴手禮的選購方式，業績瞬間成長了二倍

日本經營合理化協會，邀請我擔任他們一堂叫做「直接影響業績的網路行銷」課程的講師，上第一堂課時，我便請大家為自己的公司做自我介紹。

我要參加的學員試著宣傳，自己公司的特點何在、賣點又是什麼。

參加的學員中，有一位任職於總店位在鎌倉，叫作「OVALE」，專賣年輪蛋糕的西式點心店。

宣傳自己公司時，他非常詳細地告訴大家，他們是蛋的專家，無論在素材或製作方法上都很講究，希望透過美味蛋糕的提供，來滿足許許多多的顧客。

我一邊聽他介紹，一邊點進 OVALE 的網頁去看，確實如他所說，上面也寫著蛋的專家，以及講究素材與製作方法等等的文案。

我本身很愛年輪蛋糕，所以聽完之後，便實際去訂了塊來吃，吃完真的覺得非常美味。

不過，**光憑美味或講究，還是很難打動人**。

因為，沒有幾家蛋糕店的蛋糕是不好吃的，而講究製作方法或素材的店更多的是。

所以，我便在課堂上問他：

「你們家 OVALE 的蛋糕這麼好吃，在哪些狀況下，最能滿足顧客呢？」

「咦?!您問的是『狀況』嗎？」

「是啊。貴公司的蛋糕，在什麼時候、什麼機會或什麼場合下，最讓顧客感到滿意呢？」

被這麼一問，他稍微想了想，然後回答：**「應該是拿來當作伴手禮時，最讓顧客感到開心吧！」**

「有很多人會到你們店裡來問有關伴手禮的事嗎？」

「是啊，還蠻多的。」

「都是問些什麼事情呢？」

仔細問過之後才知道，伴手禮聽起來簡單，但實際上學問很大，有回老家時要送的伴手禮、送給家有過敏兒朋友的伴手禮，還有狀況比較特殊，想要大宗訂購的伴手禮等等，問題真的是包羅萬象。

於是，他開始試著寫方案。

①目標客群要明確

↓鎖定正在找伴手禮的人

②傳達的內容要明確

↓提供伴手禮的選購方法

③ 訴求要明確

→希望對方來店洽詢或購買

想了好幾個情報，並在網頁上進行完宣傳後，發現顧客反應最好的，是寫著「名不虛傳伴手禮」的那一頁。

因此，他們決定先鎖定因為搜尋「伴手禮」這類關鍵字，而來到 OVALE 網頁的顧客，再以**「時尚貴婦的伴手禮」**為標題，進行下列宣傳。

您正在尋找時尚的伴手禮嗎？
沒閒工夫到百貨公司亂晃，
又不願意隨便屈就！
最好的你，值得最棒的選擇

整個介紹商品的頁面結構，先以這幾句話當引言打頭陣，並將店家過去曾被顧客諮詢過許多送禮相關問題的經驗，提供顧客作為挑選伴手禮時的重點參考。比如說：

- 看了就讓人覺得驚豔
- 作法、素材讓人驚嘆
- 口味令人滿意
- 保存期限較長

最後，再告訴顧客「滿足這個條件的，就是OVALE的這個商品」。

結果，這個頁面讓購買率成長了二倍。

所謂購買率成長二倍的意思是，如果有一百人造訪過這個頁面，以前可能只有十個人會買，但現在買的人卻變成了二十人。

購買率成長二倍是非常難得的事。

這裡的重點是，要依照**【狀況↓原因↓商品】**的順序來宣傳。

絕大多數的人，都只會想到「狀況」這個階段而已。

做這樣的行銷，感覺好像是說「這個狀況下，就絕對要搭配這個商品」，然後直接進行商品的介紹。不過，這樣根本賣不出去。

比方說，如果你到店裡去問店員有關送禮的事，他突然回答你說：「時髦貴婦就是要送年輪蛋糕！」你聽了會覺得怎樣？

應該會想說**「為什麼？為什麼？為什麼這樣就是要送年輪蛋糕呢？」**

沒錯，你有這樣的疑問，是因為你不知道原因，換句話說，就是因為他沒有告訴你「為什麼時尚貴婦就要送年輪蛋糕」。

這樣感覺就跟強迫推銷沒兩樣，結果當然不可能成交。

顧客想知道的是，**「該怎麼做，才會讓收到禮物的人覺得，你送這個禮物好用心喔！」**就像 OVALE 放在網頁上的，都是長年來從顧客的提問中所累積出的專業情報，自然能讓顧客產生共鳴，進而願意掏錢購買。

OVALE改變宣傳方式，並持續做了一段時間後，網購業績光三年居然就成長了十倍之多。

商品越優秀，越會讓人忍不住想介紹它，但要知道，這不過是自己想講而已。顧客想知道的就是這個嗎？這才是我們要問自己的問題。

4

讓棉被店成為顧客的長期顧問，同時又讓顧客「完全捨不得丟掉」的DM

位在石川縣小松市，有家創業一百一十二年，專賣棉被的店，叫作大杉棉被行。

第五代的老闆能登達朗先生，也來參加過我們在金澤舉辦的行銷課程。

因為這堂促銷課的緣故，他們開始思考，是不是該重新做張比較有用的DM。大杉棉被行過去的DM，是這樣的：

西川被套，百分百純綿，內附八處綁繩，花色採隨機出貨，一四八〇日圓
西川暖爐桌桌被，百分百純綿，內附八處綁繩，花色採隨機出貨，一四八〇日圓
西川羽絨被，百分百純綿，內附八處綁繩，花色採隨機出貨，一九八〇日圓

這樣的促銷策略，換句話說，只是簡單標出商品名稱、式樣及價格而已。看起來就跟其他賣棉被的店家沒兩樣，同時還會讓自己陷入價格戰中。

這樣當然不行！所以上促銷課時，我便建議他試著做一張**「通知顧客要進行羽絨被更新」的DM**。

於是，他先在DM正面寫上「家裡的棉被已經使用超過十年的你一定要看」這個標題，來吸引目標客群。接著，再附上下列標題及照片。

讓你使用多年的棉被變得跟新的一樣！
現在用的棉被，好像已經變得很重、很臭、很冷、很冰或很薄嗎？
大杉棉被行為你解決所有的困擾！

底下再放進老闆的照片及叮嚀。
背面則是寫著「不用怕麻煩！本店可到您府上取貨！」同時介紹員工並登出他們的照片。整張DM，可說是做得非常好。
不過，最棒的地方還是內容。

【完全保存版】
創業一一二年的專業棉被店才知道，
延長你家羽絨被使用壽命的保養方法。

在這張DM當中，將保養方法分成「使用方法與注意事項」、「乾燥與晾乾方式」、「收納與保存方法」以及「清潔與洗滌方式」四項，並以淺顯易懂的方式來說明。

而且，老闆與店裡的員工只要一有時間，就會將DM拿去投在附近住戶的信箱，雖然沒在短時間內立即獲得高度的回響，但DM發送出去後，慢慢地詢問度還是增高許多。

後來，請教那些上門洽詢過的顧客後才知道，原來他們在收到DM後，都很小心地將它收著，同時也很小心地保養自己的羽絨被，只是後來想想，還是交給專業人士處理比較放心，所以才會上門求助。

事實上，這張DM真正的構想是這樣的：

①目標客群要明確

↓現在蓋的羽絨被已經使用超過十年的人

②傳達的內容要明確

↓延長羽絨被使用壽命的保養方法

③訴求要明確

↓希望對方在自己嘗試後失敗時，能上門求助

從顧客的眼中看來，創業一百多年的老棉被行，所提供的羽絨被保養方法，絕對非常受用；不難理解，一定有很多人都想得到這些情報。

勉強打價格戰的話，確實會讓業績瞬間提升沒錯。

但只強調價格有多便宜，不會讓顧客經常上門，也不會讓他們成為店裡的忠實主顧。

因為，他們看上的不是貴店，而是便宜的價格而已。

反之，只要你懂得持續宣傳這些有用的資訊，顧客就會覺得你們店「很值得信賴」或「很有用」；自然而然，會想說「只要是跟棉被有關的事情，還是要找大杉棉被行才行」。

5

蓋自己的房子以前，這些事一定要知道

下個例子要講小冊子。當你想要傳達的情報，超過DM所能載入的量時，還有一個方法就是用小冊子。

使用小冊子來宣傳建案、結婚場地、保險等單價較高的商品，效果都還算不錯。

岐阜縣大垣市，有家設計事務所，叫作「現代設計事務所」，雖然公司位在從名古屋搭快速電車要三十分鐘，從岐阜去也要十五分鐘左右的偏遠地方，每年還是能接到好幾件破億豪宅的設計案。事務所的聲名遠播，甚至還有案子是從台灣過來拜託他們去設計的。

同一個區域，同一類型的公司，連接個低預算的委託案都難如登天。對比之下，現代設計事務所的生意興隆簡直就像是奇蹟一樣。

而且，更厲害的是，多半是顧客自己「主動拜託」現代設計公司，幫他們做設計的。

其中一個重要的原因就是，他們出了一本小冊子，標題是**《蓋自己的房子以前，這些事一定要知道》**。

在這本小冊子裡，他們從設計師的觀點告訴大家，第一次蓋房子時，要注意些什麼事。

比方說，他們在「與其將土地全蓋滿，不如將房屋蓋小一點還比較好」的單元中，便提出以下說明。

不管是誰，只要是地坪面積偏小，就會努力想將房子蓋滿，不過，這麼

做卻會縮短房子的壽命。

最主要的原因是「水」的問題。是的，也就是「雨水」。

為了不讓房子蓄積過多的溼氣，大家都會在地板上留通風用的孔洞，但如果跟鄰居之間的距離過近，通風就會不好，濕氣自然也會一直留在原地而無法排出。

結果，房子的壽命當然會變短。

另外，用水泥鋪滿整個停車場的作法，會犧牲掉土壤或種植樹木草皮的部分，到了夏天，日照反射強烈，室內溫度當然會變高。

因此，千萬別老想著要將土地全蓋滿，而要從房間是否夠大，或收納空間是否夠多著手，儘量蓋比土地小一點的房屋，對房屋來說，才是件好事。

這本小冊子裡，收錄的內容大多是像這樣告訴顧客在打造家園時，該注意些什麼重點。

一般的建商，絕對沒有人會告訴顧客說：「地不要整個蓋滿比較好」。因為土地上蓋滿房子的話，不僅價格會比較高，對建商來說，也是件好事。不過，如果從為顧客提供有用情報的立場來看的話，則會想建議他說：「房子還是蓋小一點比較好」。

這麼做，當然會被顧客當成顧問在信任，業績自然也會跟著變好。

總公司位在北海道帶廣市的 LOGOS HOME，則是從全然不同的角度，提供建議與看法，讓顧客第一次自建房屋，就能順利成功的建議與祕訣。

這本小冊子的標題是**《一次，就蓋出好房子》**。

能夠蓋一戶屬於自己的獨棟房屋是很多人的夢想。但在日本，有一句話是「房子沒有重新蓋個三次，不可能蓋出令人滿意的家」，但實際上能重新蓋三次房子的人，實在是少之又少。

換句話說，就算是一般蓋房子的人，幾乎沒有一個，蓋得出令人滿意的房子。

這樣不是很奇怪嗎？

因此，**LOGOS HOME** 的社長，決定透過自己本身的經驗，以淺顯易懂的方式告訴大家，「為什麼房子非要重新蓋個三次才能讓人滿意」，以及「該怎麼做才能一次就成功蓋出令人滿意的家」。

這跟房子賣得好不好或業界的常識無關。

只是從自己本身的經驗中，提供一些對顧客可能會有用的情報而已。

除此之外，他們也做了本叫做**《這一本，幫你成功蓋新家》**的小冊子，不斷提供有用的情報給顧客參考。

結果，LOGOS HOME 成立不過短短五年之後，就成為當地施工戶數最多的建商。

現代設計與 LOGOS HOME，這兩家公司的共通點就是，透過自己本身的經驗，讓顧客知道「如何零失敗打造自己的家」。

也就是說，他們不是以建商業務員的角色，而是以**「打造零失敗家園的**

顧問」的身分在提供情報。

別等到被問了之後才回答，也不能等到接案之後才回答，而要在事前就先展現自己的待客之道，然後我們才能透過這些待客方式，得到顧客的信賴。

所謂待客之道的宣傳，是「為了最後能成交所做的行為」，絕對不是「強迫推銷」。

促銷＝藉由傳達待客之道來獲取信賴

我們要做的，是持續提升自己的待客之道，然後將這份待客之道傳達給顧客，並得到顧客的信任，進而大大提升公司的業績。

企業或店舖所擁有的待客之道，其實也就是我們所謂看不見的資產。

而**顧客想要得到的，也正是這些隱藏在我們手中的無形資產**。

我能提供顧客什麼幫助呢？

弄清楚這點的話，就不會再有強迫推銷的事發生。

進一步說就是，它會讓你明白自己真正該扮演的角色。

你會知道自己的工作，不是在賣東西給顧客，而是在提供顧客有用的情報而已。

雖然前面我們一直在講跟公司或商店有關的事，不過，這些內容事實上也能運用到地區的活化上。這個部分，我們將在最後一章中告訴大家。

松野守則

- 新零售時代，重點不是銷售而是協助
- 讓人知道商品「能幫他免去什麼麻煩」，他就會心動想買
- 找出顧客想知道的事與解決之道
- 讓顧客覺得你值得信賴
- 不是賣商品，而是提供對顧客有用的情報

第六章

抓住客戶的心，讓「地方」活化起來！

1

沒沒無聞的溫泉區，令人吃驚的聚客力

從東京車站搭上越新幹線約一個小時，到越後湯澤站下車後，換搭北北線約四十分鐘，就會到達位在新潟縣十日町，名叫松之山溫泉的溫泉區。

這是個只有約十家旅館左右的小型溫泉區，且每家旅館都不大，平均只有十～二十間房間。

就連問新潟當地的旅館業者，對方可能都要反問你說：「松之山溫泉是在哪裡啊？」可見知名度有多低，又多不受矚目。

溫泉區業者彼此之間也幾乎沒什麼聯繫。

這樣的情況，終於因二〇〇四年及二〇〇七年所發生的中越地震及中越

沖地震，而讓松之山溫泉的人們有了改變。

受到地震的影響，沒有顧客想要來玩，許多店都因此歇業。

不過，此時大家心裡想的，卻不是該如何讓事業東山再起，而是自己能為地方上的人們貢獻些什麼。因此，就在互相幫忙提供米飯，與免費泡湯服務的過程中，溫泉區這些人彼此之間產生了極大的聯繫。

在那之後，松之山溫泉的旅館業者及伴手禮店家，決定共同出資成立旅行社。也就是，「manma」（まんま）松之山溫泉合同會社。

✦合作代替競爭

請試著想一想。

一講到溫泉區，大家是不是覺得周圍的街坊鄰居，通通都是競爭對手呢？

數一數隔壁旅館有幾間房間的燈亮著，想到「隔壁的住房率那麼高，我們家怎麼如此地冷冷清清」，心裡就不免在意。想說：

「隔壁的旅館一泊二食一萬二千日圓，那我們家要不要降個五百日圓，只收一萬一千五百日圓就好呢？」

「隔壁剛改裝生意好好，我們家好像也差不多該做整修了才對！」

「隔壁旅館的牛排餐大受好評。我們也一定要推出牛排才行！」

即使大家都在相同的溫泉區裡，彼此之間還是把對方當成競爭的對手。不僅跟對方競爭，也互相搶奪客人。基本上，就是認為只有這樣，生意才能繼續做得下去。

不過，天災的發生，卻讓大家的心結合成一體。

所以，當他們有「不能再光想著自己的生意，而要思考自己能為顧客做些什麼？」的想法出現時，便決定找我去幫忙活化這個溫泉區。

靠自己的力量聚客、靠自己的力量讓人開心、靠自己的力量讓顧客再次上門吧。

觀光業者基本上都是拜託旅行社幫忙聚客，因此，想靠自己的力量讓顧客上門，絕對不是件簡單的事。

所以，二〇〇八年他們共同出資成立「manma」旅行社時，還上了報紙，造成一股話題。

居民與旅館為聚客合作成立旅行社（每日新聞／二〇〇八年三月十八日）

旅館業者聯手成立旅行社（日經ＭＪ／二〇〇八年十月二十日）

不過，光這樣做，顧客還是不肯上門。

講到松之山溫泉，可是全國數一數二容易下大雪的區域，每到一月積雪都超過三公尺以上。放眼望去什麼都沒有，只有無邊無際的田園風景。

自己真的完全一無是處嗎？

難道沒有什麼可以滿足顧客的嗎？

一切就從這些疑問中展開。

✦宣傳區域特質

第一步要先做的就是，找出松之山溫泉的優點，將它化為文字跟大家分享，再予以宣傳。跟旅館業者聊了很多之後，他們打出這樣的口號。

身體加溫三度C，心靈加溫十度C

因為溫泉泉質的關係，松之山溫泉有個特性是，只要認真泡個十分鐘左右，就會讓人的體溫上升約三度。除了身體之外，溫泉區的人們，也希望透過松之山的水、空氣、人與人間的對話，以及豐富大自然的體驗，讓旅客連心靈都得到溫暖；所以，才會有這樣的口號產生。

接下來，則要思考如何宣傳松之山溫泉的這項優點。

最後大家決定，製作一些能夠明確讓人知道，他們如何溫暖人的心靈及身體的資料。這在日本恐怕是項創舉（?!），因為他們要製作的是整個溫泉區，而非溫泉旅館的資料。

這份資料的製作，雖然一開始是以我們在第三章介紹過的「五龍館飯店」為範本，但當初五龍館是由一家旅館自己單獨製作，所以，集溫泉區眾人之力來完成一份資料的做法，這還是頭一遭。

他們除了將這份資料寄給過去曾到松之山溫泉區住宿的顧客，許多人也因為看到新聞報導而造訪網頁。這些人若希望更進一步了解松之山溫泉，他們也會提供這份資料。

結果，溫泉區因此吸引到許多的老顧客及新客。

這份資料的名稱，叫做《松之山旅遊指南》。

打開A4大小的信封，就會出現解說如何使用這份《松之山旅遊指南》的四格漫畫；且為了讓收到資料的人能好整以暇地閱讀，還在信封裡附上濾泡式咖啡包；同時，也附上便利貼，讓人能標示並反覆瀏覽自己有興趣的頁面。

這部分的用心，也都是從五龍館飯店那邊得到靈感的。

《松之山旅遊指南》的內容如下：

- 松之山溫泉遊客中心負責人的熱情招呼
- 周邊設施的導覽手冊與介紹
- 各種大自然體驗的心得分享
- 季節活動介紹
- 各旅館老闆娘介紹菜色
- 各旅館的住宿經驗分享
- 詳盡的交通資訊

不只介紹周邊的設施，還放進很多DIY的情報。只要讓人看了之後會產生「原來還有這樣的地方啊！」或「我也好想到這邊去走走！」的想法，想來玩的遊客必然也會跟著增多。

在製作《松之山旅遊指南》的同時，為了幫旅客溫暖他們的身體及心靈，松之山溫泉也思考並做了許多宣傳。

接著，要跟各位介紹，讓地區戲劇性地活了過來，從無到有的聚客術。

2 自己覺得稀鬆平常的事物，在顧客眼中卻是珍貴的體驗

松之山溫泉是個充滿田園風情的小鎮。

「這裡除了溫泉之外，應該沒什麼其他賣點吧！」

住在松之山的人，當初都是這麼想的。

不過，後來想想，這些因為自己已經久居於此，而覺得習以為常的山毛櫸原生林（又稱「美人林」），以及梯田的田園風光，甚至是一到冬天動輒堆起超過三公尺高的積雪，看在都市人眼裡或許會覺得很稀奇，也可能只要稍微下點功夫，就會讓旅客們都很開心也說不定。

於是，他們開始著手去企劃許多體驗自然的行程。

·幽默風趣的嚮導帶您體驗日本山林風光的「登山達人的包車行程」
·森林浴讓人神清氣爽！領隊將告訴妳森林有多神祕的「心靈美人的登山之旅」
·請多接觸農村的水、空氣及人：「歡迎來我們村裡作客」
·走趟冬季的美人林，將改變你的世界觀!?「體驗冬季美人林的雪鞋漫步及圍爐用餐之旅」

當他們提出這些企劃，並放到網頁及各旅館宣傳後，沒想到才半年的時間，就創造出一百七十萬日圓的業績。

原本毫無價值的東西，瞬間有了一百七十萬日圓的價值。

✦不需花錢投資設備，也不必增加人員

只是將過去自己眼中稀鬆平常的事物，也就是「自然風光」，拿來做企劃罷了。真的是非常厲害！

宣傳現有的優勢，讓溫泉區瞬間爆紅！

介紹「松之山溫泉的藥湯」、「近期活動」、「旅遊指南」、「溫泉保養品」與「自然風光體驗行程」等豐富資訊的網頁。從頭到尾都以松之山溫泉濃濃的人情味當賣點，讓相關人物在網頁上露臉，營造出溫暖的氛圍。

而且，參加過體驗行程的旅客們都超開心的，直說「我下次還想再來松之山溫泉玩！」松之山溫泉的居民，這才了解也重新體認到，自己所擁有的事物，是多麼地有價值

除自然體驗的行程外，邀集各旅館的主廚，運用當地的食材，所舉辦的「美味早餐大集合」活動，不僅掀起一陣話題，還獲得全國二萬多家住宿業者加盟，全國旅館飯店生活衛生同業組合聯合會（簡稱「全旅連」）青年部，所頒發的全國大會大獎。

✦鎖定客群辦節慶

光只是有一時的話題就夠了嗎？當然還不夠。為了更進一步提升溫泉知名度，他們還舉辦各種溫暖心靈的活動。

比如說，松之山溫泉地區，從很久以前就有個奇妙的風俗活動，叫做「丟女婿」。

從松之山嫁到外地的女性，必須在小正月（譯註：日文「正月」指日本過年，**也就是新曆一月一日**；小正月則是小過年，時間是新曆一月十五日）時跟夫婿一起回娘家。這個時候，娘家的人就會像在問說「你有沒有善待老婆啊」「不疼老婆的話，就不管你死活了」的感覺，將女婿從溫泉街高台上的藥師堂，扔到厚厚的新雪中。

擁有如此善待女性的風俗習慣的松之山，決定從二〇一三年起，在小正月舉辦「丟女婿」活動期間，以「溫暖女性的心」為主題，**把整條街當成在過「女正月」般，佈置成歡迎女性來訪的空間**；好讓過年前後這段時間，忙得焦頭爛額的女性，能夠好整以暇地泡個溫泉，悠閒地放鬆與休息。

「女正月」期間，松之山溫泉感覺就像瀰漫著**「這段期間，男人通通不許進來」**一般的氣氛，各個旅館前都垂掛著「女正月」的大型布幕，街上到處可見一盞盞的燭火在雪中散發光芒，迎接女性嘉賓的到訪。

各家旅館紛紛為女性顧客，思考能讓她們休閒放鬆的住宿方案；而伴手禮店與按摩SPA館等，則推出能迎合女性顧客喜好的商品，來迎接這些嘉賓。

也就是，在尊重松之山傳統與地方特色的同時，還加入新的嘗試。旅館、伴手禮店、餐廳、計程車業者等全都團結一致，努力提升並宣傳自己能讓顧客開心與滿意的待客之道。

看著松之山溫泉的這一切，我心中有個想法。那就是，如果當初每家旅館都只是各懷鬼胎，為了讓顧客上門，分別宣傳各自的情報的話，應該不會是現在這種結果才對。只要自己有錢賺就好，隔壁的店倒了也無所謂。沒沒無聞的小溫泉區，如果還一直這麼想，不用多久應該就會慢慢荒蕪衰敗了吧。

但松之山溫泉不同。

他們非但沒有因觀光業界普遍不景氣而低頭，反而還聚集到越來越多的顧客，就是因為大家同心協力，「不斷地思考自己能為顧客做些什麼，同時努力提升待客之道與宣傳能力的結果」。

當然，還是有許多不夠盡善盡美的地方。

不過，還有進步的空間，就代表未來還有更進一步發光發熱的可能。

請試著站在顧客的立場重新再思考一遍！

一個是溫泉旅館或伴手禮店會互相搶客的溫泉區，一個則是旅館跟伴手禮業者，全都同心協力，努力想讓顧客的身心都感到溫暖的溫泉區。

哪一個讓人感覺起來比較放鬆？

哪一個會讓人想要再來？

答案，是不是很清楚呢？

松野守則

- 以合作代替競爭，促進地區活化
- 讓找出當地的優點，化為文字，再加以宣傳
- 轉化地方傳統活動，鎖定客群宣傳
- 讓從顧客的立場思考自身的可能性

第七章

不管什麼時代，做生意的基本就是要讓顧客覺得「這就是我要的」！

1 合作取代競爭的時代到了！

松之山溫泉的故事，讓我們了解靠眾人之力，同心協力吸引顧客上門，是件多麼美妙的事。

那麼，請重新審視你的公司或你們業界。

是不是依舊在跟其他公司競爭，或互相搶奪客戶呢？

比方說，建築業界。

通常只要有蓋新家的想法，走趟樣品屋展覽場，多半都會被要求填問卷。一旦被問及「您打算什麼時候蓋啊」，而你的答案又是「應該是近一年內吧」的話，隔天業務員便會開始對你展開拜訪攻勢。

大家當然不會只去看一家廠商的樣品屋，多參觀個三、四家也很正常。但如此一來，就會有三、四個業務員輪番上門騷擾。

就算壓住自己想說「夠了，不要再來了」的衝動，耐下性子來聽對方說，聽到的也只是「請跟我們家簽約！」或「我們家最划算！」這類自吹自擂且不斷重複的銷售話術而已。

或許沒有實際說出來，但希望成交的念頭卻昭然若揭。

這樣的壓力讓人忘了蓋夢想中的新房子，是多麼美好的事情，只覺得「我好累喔……」，或質疑「到底還要不要蓋新房子啊」。

當然，真正有心想蓋新家的人，應該不會因為業務員的攻勢，就輕易打消念頭。

不過，如果是抱持著「或許有一天可以來想蓋間自己的家」這樣的夢想而走進樣品屋的人，則可能因為這些攻勢讓他感到疲累，而不再有夢，想說「還是算了吧」也說不定。

一百人當中，只要讓一個人有這種想法，就會讓人覺得很遺憾。

為什麼會發生這樣的狀況呢？

就是因為同業彼此競爭，互相搶奪客戶的緣故。

我確信，未來的時代，必然比現在更需要共存共榮。

要相互調和，而非彼此競爭。

因為彼此競爭、相互搶客，已經吸引不到顧客。

更慘的是，它還會耗盡彼此的能量，最後連相互競爭的力氣都沒有。

2 不斷自問「我要做什麼才能讓顧客開心」，就會擁有自己的特色

在共存共榮的時代中，大家都需要擁有自己的特色。

所謂共存共榮時代的特色，不是指東西的好壞，也跟價格無關。

因為這些都只會造成彼此的競爭，最後讓自己陷入被人拿來比較哪一家的東西比較好或比較便宜的困境中。

- 我能提供顧客什麼幫助？
- 我又該怎樣才能做得到呢？

企業或店家，只要能站在顧客的立場，不斷思考這些問題，就能提升自

己的待客之道，讓自己具備「共存共榮時代所需的特色」。

許多公司、店家或地方上的人都比我更清楚它的必要性，所以不只是公司，連溫泉區、商店街，甚至是知名化妝品公司的專賣店，及保險公司的加盟店等，都紛紛邀請我去幫他們上課，一同創造自己獨有的「待客之道」。

接觸到各式各樣的業種與業態，且跟一些地方有過交流後，我突然有一種感覺。那就是，

根本不用再去區分什麼業種或業態了！

溫泉旅館，賣的不一定是房間或料理。

真正要賣的，可能是在幫忙提供顧客一段可以悠閒休息的時光，也有可能是要協助顧客製造全家的回憶也說不定。

建商，不必然就是在買賣房子。

有可能在幫助顧客加深家人彼此之間的關係，或是在孩子的成長過程中出一份力。

食品製造商，也不是把各式各樣商品丟給零售店去賣就好。有可能要幫忙零售店聚客，也可能要想辦法讓零售店生意興隆。

通通都要提供顧客某種協助。

跟你是B to B商務或B to C（譯註：相較於B to B指公司對公司；B to C則是指公司對個人）商務無關。而是——

你幫顧客做了些什麼？

你能提供顧客什麼樣的協助？

相信你的公司或你的店一定都有答案。

因此，我認為，從這個角度來看，所有的企業都只是，努力為顧客提供各式各樣幫助的**「顧客協助業」**而已。

所以，提升待客之道，努力提供顧客協助，並將這些都宣傳出去，就顯得很常重要。

為此，請試著這樣告訴自己：

- **我的公司已經不再是□□□業，**
- **我要提升公司的待客之道，**
- **並努力幫顧客做〇〇〇。**

該怎麼做顧客才會滿意呢？
該做什麼才能讓顧客感到開心呢？

我覺得，**當你在重新審視自己的公司或自己的經驗、體驗的同時，還能站在顧客的立場，找出只有你才能滿足他的方法並讓他知道時，就代表你的公司對顧客來說，是特別又獨一無二的了。**

可以確定的是，等著我們的，絕對是個看不見未來又不透明的時代。
正因為時代如此，更讓人感覺到再次審視自己，並重新思考自己能做些什麼的時候到了。

不管時代再怎麼會變，做生意基本上就是要讓顧客覺得「這就是我要的」！

在瞬息萬變的時代，打造全新的舞台。

希望大家對於本書所提到的事，都一定要好好思考並予以實踐。

讓我們一起加油吧！

松野守則

- 身處共存共榮的時代，擁有各自的特色最重要
- 以客為尊，並努力提升自己的待客之道
- 做生意基本上就是讓顧客覺得「這就是我要的」！

view 49

捉住客戶的心

讓顧客覺得「這就是我要的」！

捉住顧客的心。讓顧客覺得「這就是我要的」
/ 松野惠介著；鄭景文，謝佳玲譯．-- 初版．--
新北市：好優文化，2018.05
面；　公分
ISBN 978-986-96258-2-1(平裝)
1. 銷售
496.5　　107006811

作　　者／松野惠介
譯　　者／鄭景文、謝佳玲
審　　訂／簡麗英
封面設計／何偉靖
內文設計／王氏研創藝術有限公司
社　　長／陳純純
總 編 輯／鄭　潔
編　　輯／洪小偉
整合行銷總監／孫祥芸
行銷企劃經理／陳彥吟
版權暨編輯行政／黃偉宗
北區業務負責人／陳卿瑋　mail：fp745a@elitebook.tw
中區業務負責人／蔡世添　mail：tien5213@gmail.com
南區業務負責人／林碧惠　mail：s7334822@gmail.com

出版發行／出色文化出版事業群・好優文化
電話／ 02-8914-6405
傳真／ 02-2910-7127
劃撥／ 19915811
電子郵件信箱／ good@elitebook.tw
地址／新北市新店區寶興路 45 巷 6 弄 5 號 6 樓

印　　製／皇甫彩藝股份有限公司
法律顧問／六合法律事務所　李佩昌律師
初　　版／ 2018 年 5 月
定　　價／ 330 元

NAZE ANOKAISHAWA YASUURISEZUNI RIEKIWO AGETUDUKETEIRUNOKA
by Keisuke Matsuno
Copyright © 2013 Keisuke Matsuno
All rights reserved.
Original Japanese edition published by Jitsugyo no Nihon Sha, Ltd.
Traditional Chinese translation copyright © 2018 by Good Publishing Co.
This Traditional Chinese edition published by arrangement with Jitsugyo no Nihon Sha, Ltd., Tokyo, through HonnoKizuna, Inc., Tokyo, and Bardon Chinese Media Agency

版權聲明
◎欲利用本書全部內容或部分內容，需徵求同意或書面授權
洽詢電話：02-8914-6405
◎版權所有・翻印必究
本書如有缺頁、破損、裝訂錯誤，請寄回本公司更換

讀者基本資料

Great 好優文化

捉住客戶的心

姓名：________________□女 □男 年齡________________

地址：____

電話：O:____________H:____________手機:________________

E-MAIL：____

學歷□國中(含以下) □高中職□ 大專□研究所以上

職業□ 生產/製造 □金融/商業 □傳播/廣告 □軍警/公務員□教育/文化

□ 旅遊/運輸 □醫療/保健 □仲介/服務 □學生 □ 自由/家管 □其他

◆ 您從何處知道此書？

□ 書店□書訊□書評□報紙□廣播□電視□網路□廣告DM

□ 親友介紹 □其他

◆ 您以何種方式購買本書？

□ 實體書店，________________書店 □網路書店，________________書店

□ 其他________________

◆ 您的閱讀習慣(可複選)

□商業□兩性□親子□ 文學□心靈養生□社會科學□自然科學

□語言學習 □歷史□ 傳記□宗教哲學 □百科□藝術□休閒生活

□電腦資訊 □ 偶像藝人□小說 □其他

◆ 您購買本書的原因(可複選)

□內容吸引人□主題特別□ 促銷活動 □作者名氣 □ 親友介紹

□書名□封面設計□ 整體包裝□ 贈品

□網路介紹，網站名稱________________________□其他__________________

◆ 您對本書的評價(1.非常滿意 2. 滿意 3.尚可 4.待改進)

書名_____ 封面設計_____ 版面編排_____ 印刷_____ 內容_____

整體評價_____

◆ 給予我們的建議：____

※凡填妥讀者基本資料並郵寄或傳真回出版社，就有機會獲得精美小禮物※

請投遞郵筒寄回或傳真至：02-2910-7127，謝謝您的支持！

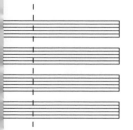

廣	告	回	信
板橋郵局登記證			
板橋廣字第891號			

免 貼 郵 票

23145

新北市新店區寶興路45巷6弄5號6樓

好優文化出版有限公司

讀者服務部　收

請沿線對折寄回，謝謝。

Great Publish
好優文化

請以膠帶封口

View

Dubium sapientiae initium

View

Dubium sapientiae initium

View

Dubium sapientiae initium

View

Dubium sapientiae initium